世界灌溉工程遗产研究丛书

谭徐明　总主编

中国卷

国家出版基金项目
NATIONAL PUBLICATION FOUNDATION

引泾两千年　秦汉留遗篇

郑国渠

蒋超　著

长江出版社
CHANGJIANG PRESS

总 序

在世界广袤的大地上，分布着丰富且类型多样的人类文明，古代灌溉工程就是其中之一。直到今天，还有相当数量的古代灌溉工程在持续地为人们提供着生活、灌溉和生态供水服务。现存的古代灌溉工程历经长久考验，没有成为西风残照的废墟，也没有成为书籍中刻板的回忆，而是以与自然融为一体的形态存在，并成为兼具工程价值、科学价值和文化价值的人类文明奇迹。

2014 年，国际灌溉排水委员会（ICID）开始在世界范围内评选收录灌溉工程遗产，旨在挖掘、保护、利用和宣传具有历史意义的灌溉工程所蕴含的自然哲理、科学思想、文化价值和实用价值。从 2014 年至 2020 年，经由中国国家灌排委员会推荐和国际评委会评审，我国有安徽的芍陂、四川的都江堰等二十处具有历史意义的灌溉工程入选世界灌溉工程遗产名录。由此，古老而丰富的中国灌溉工程遗产向世界又开启了一个了解和认识中国文明史的新窗口，让更多的人走进中国悠久而辉煌的水利史，探索这些工程中蕴藏的人与自然和谐相处的理念和古代贤人因势利导的治水智慧和方略。

粮食充裕则天下稳定，人民安居乐业，而灌溉工程正是在洪涝干旱灾害频发的自然环境下保障粮食丰收的关键所在。中国是灌溉文明古国，历朝历代从一国之君到州县官员无不重农桑兴水利，并确立了从中央到民间权、责、利相互结合的灌溉管理制度。农耕文明下的这些灌溉工程及其管理制度和道德约束，为水利发展注入了民族精神，并在历史的长河中衍生出独特的文化和记忆，

使得现存的古代灌溉工程在这一独特的文化滋养下世代相传、经久不衰。每一处灌溉工程遗产都是人与自然和谐相处和可持续发展活生生的实证。

中国 5000 年的农耕文明史中，因水资源禀赋和自然环境差异而建造出类型丰富、数量众多的灌溉工程。留存下来的古代灌溉工程得以延续至今，往往缘于这一灌溉工程在规划、选址、选型、建设和管理上的可持续性，随着科技和社会的发展，其功能和效益仍在扩展中。如安徽寿县的芍陂，是我国历史最悠久的大型陂塘蓄水灌溉工程，它始建于战国时期最强盛的楚国，历经 2600 多年后，至今仍灌溉着 67 万亩农田，并成为今天淠史杭灌区的反调节水库。再如有 2270 多年历史的四川都江堰，是世界上年代最久远、仍在发挥作用的无坝引水灌溉工程。留存至今的古代灌溉工程堪称人与自然和谐相处的典范，是可持续发展的活样板。

抛弃历史的前进，终究是无本之木，善于继承方能更好创新发展。在我们拥有先进科学技术的当代，从灌溉工程遗产中汲取经过历史检验的科学理念、智慧和经验，把现代科学技术与经过历史检验的思想和理念相结合，有助于更好地设计和建造人水和谐与可持续发展的灌溉工程。灌溉工程遗产也是重要的文化传承，在灌区现代化建设的过程中应该同时加强对灌溉工程遗产和灌溉文明的保护，让中华大地上美轮美奂的古代灌溉工程和丰富多彩的灌溉文化依然充满生命力，让历史文化在流水潺潺的水渠、在生机勃勃的田野得到永恒延续发展，为我国灌溉文化的生命传承和建设现代化生态灌区注入不竭的动力。

中国水利水电科学研究院原总工程师
2011—2014 年国际灌溉排水委员会第 22 届主席

2023 年 8 月于北京玉渊潭

郑国渠

目 录

导　言

　　我国秦代有三项大型的水利工程，按照建造时间的先后，它们是：都江堰、郑国渠和灵渠。今天，郑国渠的知名度不如都江堰和灵渠，但在秦代，它却是一项由中央政府直接控制的工程，其知名度和重要性都远远超过了都江堰和灵渠。

　　间谍与水利工程师，是风马牛不相及的两种职业，而战国末期的郑国却确实兼有这两种身份，而且他和秦始皇统一六国还有着密切的关系。

　　在秦岭山脉和陕北黄土高原之间，有一个东宽西窄的狭长地带，被称为渭河平原或渭河盆地。

　　这个狭长地带，周边被四座雄关围定，东为函谷关，西为大散关，南有武关，北有萧关，所以自古就称关中。渭河平原也叫关中平原，号称"八百里秦川"。

　　关中平原处于陕北高原与秦岭山脉之间，为喜马拉雅运动时期形成的巨型断陷带。盆地两侧均为高角度正断层，断层线上有一连串泉水和温泉出露。南北两侧山脉沿断层线不断上升，盆地徐徐下降，形成地堑式构造平原。关中平原形成后，不仅有黄土堆积其间，更重要的是渭河及其两侧支流挟带大量泥沙填充淤积其中。第四纪松散沉积层最大厚度达七千余米，因地壳间歇性变动和河流下切，形成高度不等的阶地。一、二级阶地组成关中平原的主体，自上而下如阶梯状依次是头道原、二道原、三道原。

三道原相当于二级阶地，原面受渭河南北支流切割而破碎。渭河以北从西向东有西平原、和尚原、周原、积石原、始平原、毕原、美原、许原等，渭河以南从西向东有五丈原、细柳原、神禾原、少陵原、白鹿原、铜人原、阳郭原、孟原等。

关中是中国最早被称为"金城千里，天府之国"的地方。"金城千里"指渭河平原四周为山原、河川所环抱，犹如一座规模庞大的天然城堡。关中南有秦岭，西有陇山，北面是黄土高原；再向北方和西北方，还有黄河天堑为屏障；东面也有黄河阻隔。四面都有天然地形屏障，易守难攻，从战国时期起就有"四塞之国"的说法。战国时期，苏秦向秦惠王游说连横之计，就称颂关中"田肥美，民殷富，战车万乘，奋击百贸，沃野千里，蓄积饶多"，并说"此所谓天府，天下之雄国也"，这比成都平原获得"天府之国"的称谓早了半个多世纪。汉代张良用"金城千里"来概括关中的优势，并劝说刘邦定都关中。

秦人走出陇山，崛起于关中，其间都城曾经几次迁移。最早于周釐王五年（公元前 677 年）定都雍城（今陕西凤翔），战国中期秦灵公迁都泾阳（今泾阳西北），秦献公时又迁都栎阳（今西安临潼东北）。秦孝公商鞅二次变法时便以咸阳（今咸阳东北）为都城。秦国经过四百多年的苦心经营，政治上、经济上、军事上都远远超过了邻国。它凭借稳固的关中根据地，版图已扩展到富庶的汉中和巴蜀，以后又对邻近的魏、赵、韩等国连续用兵，夺取了上郡、太原、上党等地，势力达到黄河以东。不久，秦国又东进中原，取得周王室的旧地，占领了荥阳，陈兵韩国边境。在秦国强大的攻势下，东方诸国，其势危如累卵，而韩国更是首当其冲。

韩国最初的都城在平阳（今山西临汾），景侯迁徙到阳翟（今河南禹州），哀侯迁徙到郑（今河南新郑）。韩国疆土狭长，跨黄河南北，黄河南有今郑州、许昌、南阳等地，黄河北则有野王（今沁阳）、上党（今山西长治）。韩国境内有荥泽，为古代中国九大泽之一。《禹贡》中的"荥波既潴"，说的就是黄河水沿古济水溢出后聚积为荥泽。古时的黄河河道偏北，后来黄河不断南移，淘蚀山根，使黄土质的敖山滑塌于河水之中，由黄河分出的"河南之济"沿广武山北麓东流，同时接纳了由广武山上流下来的柳泉和广武涧两股小水，流过了敖山以北和荥渎相汇，二者汇合后再转向东南流入荥泽。荥泽起到了储水和调节济水的作用，同时也是行船停泊之所。荥泽的存在，影响了黄河、济水等水系，对当时的航运、灌溉、人口和地理环境有重要的影响。魏国开凿鸿沟后，引黄河水入圃田泽，再从圃田泽引水东南，形成庞大的水运交通网。从地势上看，韩国的荥泽比魏国的圃田泽更适合引黄河水。黄河是一条桀骜不驯的大河，决开黄河岸引出一条足够的水流，绝不是简单的事情。荥阳地处"缩毂水路要道"，比原阳更适合引黄河水，因此荥阳引黄口很快取代了原阳引黄口，荥泽连接黄河、济水和鸿沟，成为天下水运枢纽。

正因为如此，韩国在治水方面积累了丰富的经验，涌现出众多治水的能工巧匠。《周礼·地官》有关于"稻人"的记载："稻人，掌稼下地。""稻人"专门从事低洼多水地区的引、蓄、配、灌、排水及防洪等一系列水利工程的修建和管理。《管子·度地》记载，先秦已经有专设的水官，任命"习水者"为吏佐，称为"都匠水工"，负责河道堤防的巡查、整修。这类人员被统称为"水工"。

　　相对于秦国，韩国的军事力量要弱得多，怎样才能削弱秦国的国力呢？从公元前251年开始，机会逐渐出现了，因为秦国接连发生重大变故：先是昭襄王死，服丧期满，其子孝文王于次年十月己亥日即位，三天后辛丑日就死了。接替他的是其子嬴异人，即庄襄王。庄襄王任命吕不韦为相邦 ①，大赦罪人，厚施德惠于亲戚，广布恩惠于人民，很想大干一番事业。谁知庄襄王在位不过三年，竟也一命呜呼。秦国在四年之内，竟然死了三位国君。一位继往开来的新国君终于出场了，他是庄襄王之子——一位13岁的新秦王。

　　他就是嬴政，也就是后来的秦始皇。与此同时，另一位历史人物也登场了，他叫郑国，是韩国的水工。

　　黄河最大的支流就是渭河，而渭河最大的支流则是泾河，著名的郑国渠就是引用泾河的灌溉工程。

陕西水利博物馆中的郑国塑像

---

　　① 相邦：春秋战国时期的官职，到汉代因为避讳刘邦的名字而改称"相国"。

郑国以水工的身份来到秦国，从秦王政元年开始承担修建引泾灌渠工程之责。刚刚登上政治舞台的秦王当时仅有 13 岁，根本不可能知道秦国所赏识和重用的这位水工郑国，却是韩国派遣的间谍。

原来，派水工帮助秦国兴建水利，是韩国精心谋划的"疲秦之计"。自从秦兵攻占荥阳之后，韩国危在旦夕，无法与秦抗衡，于是就想用引诱秦国兴建大型水利工程的办法，使其将人力财物都用于水利工程，劳民伤财，以至精疲力竭，最后自动放弃吞并六国的计划，这样韩国不动一兵一卒便可退却秦国数十万大军。郑国在这种情况下受命来到秦国。

郑国渠的故事就此展开，从公元前 246 年一直延续到 2021 年，历时 2267 年。

郑国渠始建时的渠首位置在泾阳县王桥镇船头村西北约 1 千米处，渠底已高出现在的泾河河床约 15 米；西汉太始二年（公元前 95 年）中大夫白公主持重修，将渠首上移 1.297 千米，称作"白渠"；到北宋熙宁年间（公元 11 世纪）再修，渠首又再次上移，凿基岩开渠口和渠道，称"丰利渠"；元代延祐年间（公元 14 世纪），陕西行台御史王琚主持修建，渠首再次上移，称"王御史渠"；明成化年间（公元 15 世纪）再次将渠首上移 990 米，并开凿隧洞引水，历时 18 年完工，称"广惠渠"；明正德十一年（公元 1516 年）及清道光二年（公元 1822 年），两次开挖引水隧道、对原干渠进行裁弯取直，分别称作"通济渠"和"鄂山新渠"；到 1932 年，李仪祉先生主持重修引泾灌渠，在原渠口上游建成有坝引水枢纽，称为"泾惠渠"。1966 年，泾河洪水冲毁大坝，在其下游 16 米处重建混凝土溢流坝一座，除引水灌溉之外，兼有发电

效益。2000多年来，泾河河床下切近20米，郑国渠渠首位置上移约5千米。

　　郑国渠自泾河引水向东，最初的干渠大体沿等高线布置，用平交方式穿冶峪、清峪、浊峪、石川河等自然河流，尾水入洛河，渠长"三百余里"，灌溉农田"四万余顷"（约合1867平方千米）。此后历代渠系也有所调整，灌区范围较始建时有所萎缩。目前灌区范围在泾河以东、石川河以西区域，涉及6个区县、48个乡镇共1180平方千米，灌溉面积969平方千米。

第一章　秦一统帝国的标志性工程

郑国渠位于关中平原中部，是世界少有超过 2000 年历史的大型无坝引水灌溉工程。郑国渠始建于公元前 246 年，它的建成为战国时期秦国的强盛和统一中国奠定了经济基础，它是秦一统帝国的标志性工程，历经 2200 多年演变，灌区至今仍在发挥着灌溉效益。

第一节　工程始建与早期发展

《史记·河渠书》记载："韩闻秦之好兴事，欲罢之，毋令东伐，乃使水工郑国间说秦，令凿泾水，自中山西邸瓠口为渠，并北山，东注洛三百余里，欲以溉田。中作而觉，秦欲杀郑国。郑国曰：'始臣为间，然渠成亦秦之利也。'秦以为然，卒使就渠。渠就，用注填阏之水，溉泽卤之地四万余顷，收皆亩一钟。于是关中为沃野，无凶年，秦以富强，卒并诸侯，因命曰郑国渠。"《汉书·沟洫志》所记基本相同，其中增加了

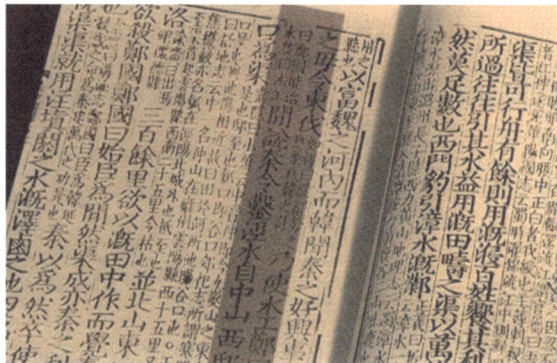

图 1-1　《史记·河渠书》中关于郑国渠的记载

郑国的一句话："臣为韩延数岁之命，而为秦建万世之功。"

据《史记·六国年表》："始皇帝元年，击取晋阳，作郑国渠。"《汉书·沟洫志》则曰："自郑国渠起，至元鼎六年（公元前111年）百三十六年。"这表明郑国渠开始修建的时间为秦王政元年，即公元前246年。

关于郑国的间谍身份，今人已逐渐认为是一个冤案。文献记载郑国的身份，只有"间"，没有"谍"。据《说文解字》："谍，军中反间也。""间"，本字为"闲"，原意是"门缝""缝隙"，引申则为"乘虚而入"。郑国为间，必然是秦国有修建大型水利工程的需求，才有可能乘虚而入。郑国渠开工年代为秦王政元年，此时秦始皇年仅13岁，尊奉吕不韦为相邦，称他为"仲父"。此前还要有实地踏勘，论证可行性，以求当政者批准的过程，则项目确定的时间还要更早一些。秦庄襄王元年（公元前249年），任命吕不韦为丞相，封为文信侯，河南洛阳十万户作为他的食邑。庄襄王在位仅3年，郑国渠项目确定的时间大概应在这期间，实际的决策者应该是吕不韦。吕不韦原本就是阳翟的大商人，对于秦国来讲也是客卿，与同样是客卿来自韩国的水工郑国应该是很容易取得共识的。

还有一个问题，秦国有修建都江堰的实践经验，有蜀郡守李冰这样的有力领导者和组织者，为什么要启用郑国这样的客卿呢？李冰初任蜀郡守大约在秦昭襄王三十四年（公元前273年），大约在秦庄襄王元年（公元前249年）至秦王政元年（公元前246年）之间调任上郡郡首。李冰在蜀地治理了将近30年，所建的工程大约有20项，当他调任上郡郡首时已是六七十岁的老人，难以再承担修建大型水利工程的重任了。我们可以设想，在李冰从蜀郡调任上郡的过程中，会回到咸阳，吕不韦和郑国就引泾灌溉一事征询李冰的意见是有可能的。

秦王政九年（公元前238年）嫪毐被杀，这表明秦王嬴政已经开始实际掌握权力。

秦王政十年（公元前237年）发生了许多事情，其中最主要的就是"逐客"事件。引泾灌溉项目已经实施十年，花费了大量的人力物力，郑国修渠的原始动机受到怀疑，于是一些宗室大臣就对秦王说："诸侯来事秦者，大抵皆为其主游间于秦耳，请一切逐客。"事实上秦国的许多官员都出身客卿，包括炙手可热的吕不韦也不是秦国人。借"逐客"事件打击吕不韦，以便秦王亲政不致遭到掣肘，这是个很好的时机。十月，吕不韦被免去职务，遣出京城，前往河南的封地。郑国也成为这场政治斗争的一位重要人物和牺牲品，几乎被杀。在被驱逐的客卿中，李斯是一个很有见地的政治家，他在被逐回楚国的途中写下了著名的《谏逐客书》，最终打动了秦始皇。"秦王乃除逐客之令"，重新起用李斯，郑国的间谍冤案也被搁置，引泾灌溉工程得以继续完成。引泾灌溉工程最后被命名为"郑国渠"，实际也为郑国平了反。

历史记载也告诉我们，"疲秦之计"适得其反。事实是，秦国东伐的脚步有所放缓，但并没有止步。一旦修渠成功，则秦国如虎添翼。

郑国渠动工的第一年，即秦王政元年（公元前246年），晋阳反秦，被蒙骜平定。秦王政二年（公元前245年），秦攻魏卷（今河南原阳西），斩首三万。秦王政三年（公元前244年），秦蒙骜攻韩，取十三城。又进攻魏的畼、有诡。翌年，蒙骜攻下畼、有诡。秦王政五年（公元前242年）秦蒙骜攻魏，取酸枣（今河南延津西南）、燕（今河南延津东北）、虚（今河南延津东）、桃人（今河南长垣西北）、雍丘（今河南杞县）、山阳（今河南焦作东南）、长平（今河南西华东北）等二十城。置东郡（今河南北部、山东西北部）。秦王政六年（公元前 241 年），赵国命庞煖组织最后一次合纵，率赵、楚、魏、燕、韩五国兵攻秦，至蕞（今西安临潼东北），被击退。秦攻魏，取朝歌（今河南淇县）。秦王政八年（公元前 239 年）韩桓惠王死，子安立。秦王政九年（公元前 238 年），秦杨端和攻魏，取首垣、蒲、衍氏（均今河南长垣附近）。

郑国渠于秦王政十年（公元前 237 年）完工。七年之后，即公元前 230 年，秦国在东伐的征途上第一个灭的就是韩国。韩王成了俘虏，全部国土成为秦郡。

"疲秦之计"成了历史上计划与结果大相径庭的一个实例。

灭韩后，秦国加快了并吞其余诸侯国的步伐，其势锐不可当。

郑国渠是一项具有淤灌压碱性质的大型水利工程。《史记·河渠书》记载："渠就，用注填阏之水，溉泽卤之地。"《汉书·沟洫志》也说："渠成而用（溉）注填阏之水，溉泻卤之地。"其表达的意思是一样的。唐人颜师古注曰："注，引也。阏读与淤同，音于据反。填阏谓壅泥也。言引淤浊之水灌碱卤之田，更令肥美，故一亩之收至六斛四斗。"郑国渠所引之水是高含沙浑水，泾水多年平均含沙量高达每立方米 180 千克。这种从陇东高原带下来含有机质的泥沙，随水一起输送到低洼沼泽盐碱地区，则有淤高地面、冲刷盐碱、改沼泽盐卤为沃野良田的功效。郑国渠淤灌之地原是沼泽盐碱地，经过多年淤灌，逐渐改造为收成不错的优质农耕地。

泾河流出仲山峡谷，就进入了关中平原，在这里河床逐渐展宽，形成一个大弯道，其形状如同葫芦。葫芦在古代也称"瓠"，因此这个地方就被称作"瓠口"。郑国渠首起瓠口，傍北山东行入洛，共三百余里，其渠道以南地势相对低洼，原为泾、渭、清、浊、洛诸水汇渚，形成面积广大的湖泊沼泽区域，后经河流携带泥沙与风吹黄土的堆积淤高，陆续有陆地生成，也有了人类居住的遗迹。部分遗留下来的湖泊逐渐发展成沮洳之地。在湖泊沼泽陆地之间，土质多带卤性，是盐碱严重之区，没有河流冲刷碱卤，就不能种植，而靠自然河流的冲刷，也会有少量土地成为农田。郑国渠修建成功，可以大规模引来浑水淤灌，迅速淤成良田，"于是关中为沃野，无凶年"。郑国渠在浇灌原有农田的同时，通过引浑淤灌，改良了低洼盐碱地，扩大了耕地面积，使关中东部低洼平原得到了开发，一度灌溉面积达到四万余顷。按秦一顷约等于今 0.69 亩换算，四万顷约合今 2.8 万亩，这是个相当大的灌区，不过实际运用中，郑国渠是否有这么大的灌溉效益，实际灌溉顷亩数是否会有这么多？这除了要弄清郑国渠引水工程技术问题（例如与清峪等水交叉的问题）之外，还要看泾水是否能提供灌溉四万顷土地的水量。亩产一钟，相当于现亩产 250 斤左右，这大约是整个灌区普遍的产量。按另外一种换算方式，如采用晚周及汉初一亩等于今 0.288 市亩换算，则四万顷约合今 1.15 万亩，亩收一钟约合 600 市斤。不管按哪种方式计算，郑国渠都是一个大型灌区。根据 1974 年泾惠渠管理局现场勘察标绘的郑国渠渠线，在郑国渠以南的有效控制范围内，土地面积尚不足 280 万亩。灌区特别是石川河以东多为大片盐碱沼泽地带，即使引洪淤灌，则一年之中视洪水大小、引洪多少来确定受水面积，并非每块地都能保证年年受水，灌溉

的面积也不可能是固定数值。从渠口遗迹的引水高程、渠道断面的大小及可能最大引水量（包括拦截的冶、清、浊、沮等河水量）诸条件，并按秦始皇统一全国度量衡以前的旧制计算，郑国渠的灌溉面积为115万亩，比较接近当时的客观实际。

　　关于郑国渠的灌溉面积，明代袁化中曾有推测，认为"立石囷以壅水，每行用一百余囷，凡一百十二行，借天生众石之力以为堰骨，又恃三四里众石之多以为堰势，故泾流于此不甚激，亦不甚浊。"民国水利泰斗李仪祉很赞同袁化中的说法。对于"郑国渠首起瓠口，傍北山东行入洛，共三百余里"，李仪祉认为"以今日数度之，实相去无几，则又何可证古人四万余顷为虚夸哉？"郑国渠首修建的方法是用石囷建造在天然基岩的河床上，石囷有120排，每排有100多个，假定每个石囷的尺寸是边长一丈，按现今泾河谷的地形，堰顶长度应达百余丈。"泾谷狭窄，水面决不如是广，必积升甚高，使可有此数也"，由此看来，李仪祉是认可郑国渠灌溉面积四万顷这个数字的，这也是他一直想恢复昔日郑国渠辉煌的基本出发点。

图1-2　郑国渠故道遗址

第二节 郑国渠的技术难题

这条从泾水到洛水的灌溉工程，在设计和建造上充分利用了当地的河流和地势特点，有不少独到之处。第一，在渠系布置上，干渠设在渭北平原二级阶地的最高线上，从而使整个灌区都处于干渠控制之下，既能灌及全区，又形成全面的自流灌溉。这在当时的技术水平和生产条件之下，是件很了不起的事。第二，渠首位置选择在泾水流出群山进入渭北平原的峡口下游，这里河身较窄，引流无须修筑过长的堤坝。这里河床比较平坦，泾水流速减缓，部分粗沙因此沉积，可减少渠道淤积。第三，在引水渠南面修退水渠，可以把水渠里过剩的水泄到泾河中去。川泽结合，利用泾阳西北的焦获泽，蓄泄多余渠水。第四，采用"横绝"技术，把沿渠小河截断，将其来水导入干渠之中。"横绝"带来的好处一方面是把"横绝"了的小河下游腾出来的土地（原小河河床）变成了可以耕种的良田；另一方面小河水注入郑国渠，增加了灌溉水源。

郑国渠引泾注洛三百余里，干渠布置沿关中北山的南缘，自西向东延伸。由于泾、洛之间这块平原西北高东南低，故其能够控制的自流淤灌面积较大。其间经过几条自然河流，这些河流原皆是由北部山原发源向东南汇入渭河的，与自西而东的郑国渠不可避免地形成交叉。如何处理这种与天然河流的交叉，是郑国渠必须解决的技术难题。

《水经注·沮水》记载，郑国渠"绝冶谷水""绝清水""与沮水合"。郑国渠在渠道工程布设上，有一个大胆的创举，即将

沿线与渠道交叉的冶峪、清峪、浊峪等小河"横绝"，拦河水入渠。由于这些河道流量较小，在河道中修建一些临时工程，即可拦截河水入渠，使郑国渠沿渠流量渐增，对保证下游灌溉有重要作用。但在穿越沮水（即石川河）时，没有使用"横绝"字样，也未作具体记述。有关郑国渠横穿诸水的办法，缺乏具体记载。而两条水道相互横穿只有平交和立交两种可能，有人认为《水经注》记载的郑国渠"绝"诸水，是与诸水平交，而且平交处并无闸门控制，其实，这是难以做到的。从工程技术角度来说，当时可能已采取了原始"立交"技术，从而解决了既能彼此隔开，避免干扰，又能各走各道，通流行水。具体工程措施，可能是一种原始形态的简易渡槽，架设在所穿过的天然河流上面，形成像《水经·渭水注》记述的那种"飞渠"，这种"飞渠"技术明确应用于当时的国都长安，与郑国渠相距很近，其时约在西汉，上距秦代也不远。而且"飞渠（架槽）引水入城"，其技术难度显然比郑国渠二水之间的立交更大些。据《水经注·沮水》记载，郑国渠过太上陵南原下后向北转弯，在相应的高程上"与沮水合"，然后分为两股，一向东南流，即石川河，直入渭河；另一向东流，即郑国渠，其中亦有部分沮水，故有"沮循郑渠"之语。渠水入沮水后，依河槽行水，在适当高程分水向东，渠线取道当沿城南东行。据20世纪80年代现场勘察，在阎良区断垣村与康桥镇之间，尚有郑渠穿越石川河的工程遗迹，与《水经注·沮水》的记述相符。

北魏郦道元《水经注·沮水》较详细地记载了郑渠路线，郑渠自瓠口引泾水后，"渠渎东迳宜秋城北，又东迳中山南。……郑渠又东，迳舍车宫南，绝冶谷水。郑渠故渎又东，迳嶻嶭山南，池阳县故城北，又东绝清水，又东迳北原下，浊水注焉。……又东，历原，迳曲梁城北，又东迳太上陵南原下，北屈，经原东，与沮水合。……沮循郑渠，东迳当道城南，……又东迳莲芍县故城北，……又东，迳粟邑县故城北，……其水又东北流，注于洛水也"。其中指示郑国渠渠线走向的地名有二山、四水、三原、七城、一宫、一陵。

第三节　郑国的传说

郑国其人不知所终，史书上再也看不到关于他的任何记载，但他的名字，还有他的故事，从此以后一直镌刻在关中大地上。他开凿的大渠成为关中大地上的众渠之祖，后世一代一代人追随他的身后，举锸为云，决渠为雨，让这条渠的传奇从未间断地书写下去。郑国这个人物也蒙上了传奇的色彩，成为一代一代水利人追随的先贤。以下是民国年间水利领军人物李仪祉讲述的一个故事，由挪威工程师安立森撰写的纪实性小说《老龙王河》①记载下来。

故事发生在建造中国长城的年代。20多岁的皇帝秦始皇风华正茂，他已游历了大部分中国的国土，而且还通过焚书坑儒开创了他自己的统治历史，他称长城为万里长城。皇帝没有足够的兵力维持他庞大地域的和平与秩序，一天，他的密探传来消息，渭城君正蓄意谋反。苍天庇佑皇帝，因为这时渭地发生了大旱。他手下有位谋臣就出生在那里，这位大臣说起一条很危险的河流——泾河。人们早就想驯服这条河，用河水浇灌自己的

---

① 李约瑟在《中国科学技术史》中曾经专门关注到安立森和《老龙王河》这本书。

农田，可大家对如何引水有分歧，有人想引水灌溉低洼平原，也有人想灌溉高原。

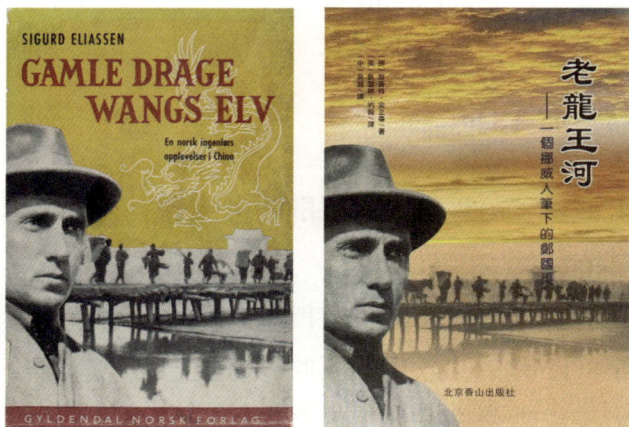

图1-3 《老龙王河》挪威文版（左）、《老龙王河》中文版（右）

皇帝命令说："王少府，你应该去渭地，我们能干的灌溉专家郑国也要同你一起去。你们一起一定能拟定出一份灌溉蓝图，要干一个能够役使许多人的大工程！"

王少府和郑国到渭地后，渭地全民欢腾。皇帝派他们来治理泾河了，这消息在渭地不胫而走。梦想就要成真了！由于发生了旱灾，渭城君只得放弃反叛的企图，让他的人民都来参与建设灌溉工程。他们雇了两万人用装石头的柳条笼来修一条巨大的坝，引泾河水灌溉平原。另有一百多万人挖了多条水渠，并建起了多条高架渡槽，从而有水既能灌溉到高原，也能灌溉到平原。由此，这位颇有计谋的皇帝就赢得了太平，来修建他的万里长城。这项水利工程直到今天仍然可以寻找到它的遗迹。

然而，郑国并未因他的这项工程而时来运转。他要引水灌溉高原各地，就得利用北部山峦上的溪流。可数年来由于缺少雨水，这些溪流全都干涸了。有一天他外出考察，落入一帮没水浇地的恼怒的农夫手里，他被拽往山里，此后就再也没有人见过他。

据说，郑国所建的庞大工程只维持使用了一百多年。泾河上的大坝经过洪水的不断冲刷毁坏，当地人最后再也建不起来类似的大坝了。

此后历代王朝更替，可没有哪个王朝能有秦始皇那么大的热情来维护灌溉工程。终于有一天，郑国渠能浇灌的面积竟缩小到不足原来面积的二十分之一。时至今日，仍有泉水从石头缝中涌出，充盈着郑国渠的小渠道，这就是平原上还可以得到灌溉的原因所在。许多人都说，郑国就是在那儿被杀的。农夫犁地时，时常会碰到古代的砖石砌体，每到这时，深谙自己祖辈传说的人都会惊叫道："郑国渠！"

临近枯水的春季时，在泾河千年过流的河道内就会露出两块靠在一起的石头，当地人称他们为王郑（王少府和郑国）石。每当大洪水到来之前，这两块石头就会发出可怕的轰鸣声，这时人们最好的对策就是远离这里。在端午节的龙船庆典上，村民往往在泾河中放逐纸船，他们在船上点上蜡烛，让纸船明烛顺流而下。通常情况下，水中都会有两条蛇游出，随纸船而下，人们都说，这就是王郑两块石头的魂魄。

第四节　郑国渠遗存

泾阳北部雄踞着两座山，西边是仲山，东边是嵯峨山，青峰绵延并峙，逶迤东西。泾水自仲山而出。嵯峨山古称荆山，东抵清谷，西到冶峪，绵延十多千米。山有五峰，五峰为五条山脊的最高点，峰的南坡陡峭，势如刀劈斧砍。登顶嵯峨山南眺，泾渭分明，关中平原尽收眼底。嵯峨山下传说是黄帝铸鼎之处，鼎成，黄帝驭龙升天。泾河出张家山峡谷后，河床逐渐展宽并形成一个S形大弯道，与左岸三级阶地前缘450米等高线正好构成一个葫芦形的地貌，这一带即古代所称之"瓠口"。在泾河大弯道左岸二级阶地的陡壁上，现有两处渠口遗迹（距今泾阳县王桥镇船头村西北约1千米处），经开挖两处渠口均呈U形断面。上游渠口遗迹距现泾惠渠进水闸处测量基点约4850米，渠口从现地面量得上宽19米，底宽4.5米，渠深7米；下游渠口遗迹距上游渠口100米，上宽20米，底宽3米，渠深8米；两断面渠底高于现泾河河床约14～15米。这与元代宋秉亮现场考察的论述相吻合。由于河床下切，河岸崩塌，原来的引水口及部分渠道已被冲毁，但两处渠口遗迹相距仅百米，高程又大体相同，符合郑国渠引洪灌溉多渠首引水需要。

渠口遗迹所在的泾河左岸二级阶地，为第四系山前洪积及河流冲积松散堆积，下部为砂砾卵石层，上部为亚砂土、中粗砂夹砾卵石及亚粘土。在二级阶地上，与古渠口遗迹相接，由东南转东方向有古渠道遗迹长约500余米，下接郑白渠故道，两岸渠堤保留基本完整，高7米左右。中间渠床已平为农田，宽20～22米；在古渠道遗迹右侧，有东西向土堤一道，长400余米，高5～6米，顶宽20米，北坡陡峭，南坡较缓，距故道50～100米；经考察分析，此段土堤，为人工堆积，无夯压迹象，应为郑国渠开渠及清淤弃土，堆积于渠道下游，形成挡水土堤，以利于引洪入渠（郑国渠白渠遗迹示意图，见第二章第二节）。这些引水口、引水渠及挡水土堤遗迹，构成了郑国渠较为完整的无坝引洪灌溉渠首布局。

图 1-4　秦郑国渠引水口遗址

《人民日报》1986 年 7 月 3 日第三版报道："陕西省考古工作者在泾阳县泾河岸的秦代郑国渠渠首地带发现了距今 2200 多年的郑国渠拦河大坝遗址，这座大坝东起距泾河东岸 1800 米的尖嘴，西迄河西岸的湾里王村南，东西长 2200 多米（河西部分的 350 多米大坝早被冲毁）。底宽 100 多米，顶宽 10 ~ 12 米，距地面残高 5 至 6 米。""南至大坝，西北至泾河西岸，东北至高台地下缘，这块平面呈三角形的地带为蓄水区，是我国已发现的最早的水库。"对于这一结论，从事水利史研究的专家有不同意见。从当地的地形、地质及水文等各方面资料看，都不是一个合适的坝址，不可能建成水库，水库说也与郑国渠引洪灌溉的史实相悖。这 2200 多米的遗址应该是一段河堤。

1974 年泾惠渠管理局曾邀西北大学地理系和考古工作者对《水经注》所论述的郑国渠渠线进行了实地勘察，标绘出郑国渠的行经故道路线。由瓠口至入洛河的实际长度为 126.03 千米，其渠道路线大致沿海拔 450 ~ 370 米的高程，渠道平均坡降为 0.6‰。渠道自西而东布置在渭北平原二级阶地的最高线上，充分利用了北原以南，泾、渭河以北地区西北高、东南低的地形特点，形成了全部自流灌溉，从而最大限度地控制了灌溉面积。

图1-5　郑国渠的考古发现（秦建明　提供）

郑国渠是"用注填阏之水，溉泽卤之地"，即采用引高含沙的河水，灌溉盐碱沼泽地的引洪淤灌方式，从而收到灌水、肥田、改良盐碱地一举三得的好处，这也是我国农田灌溉技术上的创举。正因如此，郑国渠建成之后，使原来瘠薄的关中渭北平原一变而为沃野，成为秦都所在的"京师衣食之源"。

第五节　泾河水文化

当我们回顾了郑国渠最初建设的历史，有必要把郑国渠所引用的泾河来做一次探讨，以便更好地展开下面的内容。

泾河又称泾水，是黄河的二级支流，是渭河的最大支流，而渭河又是黄河的最大支流。泾河发源于宁夏回族自治区泾源县境内的老龙潭，干流自西北向东南流经宁夏、甘肃、陕西三省（自治区），从咸阳市长武县马寨乡汤渠村进入陕西省，由西安市高陵区马家湾镇陈家滩汇入渭河。泾河是中国水文化中一条十分重要的河流，是中华民族的发祥地之一。"泾渭分明"、柳毅传书、魏征梦斩泾河龙王，以及秦代著名的水利工程——郑国渠等都与此紧密相关。

　　泾河流域位于甘肃省陇东地区和陕西省关中平原西北部，涵盖宁夏回族自治区泾源县、彭阳县，甘肃省平凉市崆峒区、华亭县、崇信县、灵台县、泾川县和庆阳市全部县区，以及陕西省长武县、旬邑县、彬州市、永寿县、淳化县、醴泉县、泾阳县、高陵区，地理坐标在东经106°10′～109°03′，北纬34°30′～37°02′，四周分别与清水河流域、北洛河流域以及渭河流域接壤。流域面积45421平方千米，在甘肃及宁夏境内流域面积36211平方千米，占流域总面积79.7%；在陕西省内流域面积9210平方千米，占流域总面积20.3%。

　　泾河主源头自六盘山南端马尾巴梁东侧流出，向东北方向汇集至山口，形成一山峰挺拔、峡谷深幽、水清滩深的险峻之地，名曰"老龙潭"。唐宋传奇《柳毅传书》中泾河小龙王栖息之地就是这里。现在宁夏回族自治区泾源县修建了老龙潭水电站，开发利用水资源，并竖立胡纪谟诗碑和柳毅小龙女石碑。泾河自老龙潭流出六盘山继续向东北流，叫作"响龙河"（或"香龙河"），经过泾河源镇（原名北面河）至沙南，即到崆峒峡的上口，左纳几条支流后进入30千米长的崆峒峡。崆峒峡出口左侧是著名的道教名山崆峒山，是中国史志最早记载的名山之一，号称"西来第一名山"，位于甘肃省平凉城西15千米处，泾河上游主流与其北岸支流后峡河之间。崆峒山以其丰富的历史文化内涵和奇险灵秀的自然景观，成为丝绸之路旅游热线上的一个亮点。此段河道为高山峡谷，两岸森林茂密，植被良好，河长 45 千米，落差 1078 米，平均比降 11.8‰，流域面积 597 平方千米。已建崆峒水库为国家水利风景名胜区。

图 1-6　泾河景观

泾河流出崆峒峡后，即进入泾河上游的平凉、泾川盆地。在甘家坟纳崆峒后峡的胭脂河（古称焉支川），折北于平凉城西龙首山前八里桥纳颉河；折西北流向东南，绕平凉城北，经柳湖、四十里铺、白水、花所四乡镇，穿泾川县王村乡至泾川县城西王母宫山前与汭河汇流；折西南转向东北，至罗汉洞乡的曹头景家纳红河，又折东北流向东南，经泾明乡至山底下纳蒲河；下至长庆桥出平凉市境。此段河长 100 多千米，河床平均宽度 3 千米，河谷宽阔，水流平缓，阶地发育，土地肥沃，交通便利，流域南岸的平凉、泾川两座城池，是古代丝绸之路的关塞要地，陇东重镇。目前两岸建有崆峒水库灌区、颉河灌区、庆丰渠灌区、幸福渠灌区、泾丰渠灌区等 5 个万亩灌区，灌溉面积达 12153 公顷，是平凉市农业和蔬菜瓜果的主要生产基地。流域内泾川县田家沟水土保持生态风景区为国家 3A 级水利旅游风景区。

平凉市是甘肃省地级市，"当陇山之口，踞六盘山之险"，历来就是陇东重镇、兵家必争之地。周文王伐密，秦皇、汉武巡幸，大将蒙恬征途祭礼，马超据安定城，名将尉迟恭、郭子仪转战泾州，夏主赫连定称帝，北周太祖宇文泰兴起，著名的"唐蕃之盟"和唐肃宗平叛复国，都发生在平凉。林则徐、左宗棠、谭嗣同和冯玉祥等近代史上的爱国志士，也在平凉留下了赫赫业绩。1935 年 10 月，毛泽东率领中国工农红军经平凉翻六盘山，开赴延安根据地，更为平凉的历史增添了光辉的篇章。

泾川县泾河畔的王母宫石窟是一座闻名遐迩的佛教石窟，它开凿于北魏宣武帝永平三年（公元 510 年），距今已有 1500 多年的历史。石窟规模宏大，装饰华丽，现为全国重点文物保护单位。

泾河经过长庆桥东流 40 千米至宁县政平，是甘肃省和陕西省的界河。在政平左纳北来的最大支流马莲河，而折向南流，完全在陕西省境内流淌。南流至亭口镇右纳黑河后流向东南，经彬州市早饭头而进入中游河段。上游平凉至彬州市间，河道是宽阔平坦的川道和盆地地貌，两岸农田密集。

泾河中下游处于渭河地堑盆地中部，北临鄂尔多斯地台，南接秦岭地槽，地貌类型为成层的河流阶地与黄土台塬。泾河干流自西北向东南穿越其中，区内有嵯峨山、北仲山、九峻山、五峰山等山脉东西向横贯中部，将流域分为南部关中平原区及渭北黄土高原区两大自然地类。其中，黄土高原沟壑区总面积 19806 平方千米，占整个泾河流域总面积的 43.6%；黄土高原丘陵沟壑区总面积 17278 平方千米，占整个泾河流域总面积的 38.0%；土石山林区总面积 6137 平方千米，占整个泾河流域总面积的 13.5%；平原区总面积 2200 平方千米，占整个泾河流域总面积的 4.9%。

图 1-7　斩龙台

　　泾河进入陕西省境后在长武县、彬州市先后纳黑河、磨子河、阎家川、百子沟、公主川、三水河。此区段河道顺直，河势趋陡，左岸支流泥沙量大，沿岸植被南岸明显好于北岸，此处是长庆油田和彬长煤田重点开发区域。再往下游，河道逐渐变窄。泾河在礼泉县烽火镇有泔河汇入。泔河建有数座中小型水库，较大的泔河水库和泔河二库在宝鸡峡灌区调蓄中起着十分重要的作用。泾河流至张家山，是李仪祉先生主持修建的泾惠渠渠首，此后泾河即进入下游平原。

　　周王朝发迹于泾河畔的彬县，从公刘至周太王十余代在此居住，开发农业。后来由于戎狄的侵略，周太王迁徙至渭河流域的周原（今岐山、扶风一带），传至文王、武王达到鼎盛时期，建立西周。到了秦代，于公元前 246 年开始兴建郑国渠，十多年才建成。渠首在仲山（张家山）西麓峪口（泾阳县王桥镇船头村），引泾入渠，沿途接纳冶峪河、清水河、浊峪河、漆水河、沮水等，东通北洛河。《史记·河渠书》记载："溉泽卤之地四万余顷，收皆亩一钟。于是关中为沃野，无凶年"，为秦始皇统一六国和其后刘邦战胜项羽建立汉朝，提供了给养保证。郑国渠连同灵渠、都江堰号称秦代三大水利工程，后来汉代的白公渠、唐代的三白渠、宋代的丰利渠、元代的王御史渠、明代的广惠渠和通济渠、清代的龙洞渠、民国的泾惠渠等，都是因袭郑国渠的遗迹修建的。

在泾阳，曾有秦二世斋于望夷宫，欲祠泾水，为赵高所杀。

再下，河流进入平原，河道变宽，河势平缓，流至高陵县陈家滩汇入渭河。泾河入渭处即是"泾渭分明"典故发生地。

历史文献对于泾河的记载出现得很早，《山海经》就有"泾谷之山，泾水出焉，东南流注于渭"之说。《尚书·禹贡》："泾属渭汭"，意即泾河与渭河相汇。《汉书·地理志》："开头山在西，禹贡泾水所出，东南至阳陵入渭，过郡三，行千六十里。"《水经注》关于泾河只有一句："（渭水）左侧泾水注之。"

图 1-8　泾渭分明（李军平　摄）

泾河与渭河交汇处清浊不混，界限分明，成语"泾渭分明"由此而来。然而深究下去，泾河与渭河究竟是谁清谁浊，历史上说法不一。最早是《诗经·邶风·谷风》："泾以渭浊，湜湜其止。

宴尔新婚，不我屑以。"妻子感慨说，丈夫弃旧而新婚后，对她不屑，与以前相比，是多么地泾渭分明。"湜"音"十"，"清"的意思。汉代毛亨解释："泾渭相入而清浊异"，并没有明确说明谁清谁浊。可以解释成泾水清、渭水浊，也可以解释成泾水浊、渭水清。郑玄解释："泾水以有渭，故见渭浊"，意思是说泾水清、渭水浊。唐代陆德明《经典释文》解释："泾，音经，浊水也。渭，音谓，清水也。"孔颖达《疏》："以泾浊喻旧，以渭清喻新婚。"一些文人的诗赋也各有说辞，如"渭以泾清，玉以砾贞。""清渭浊泾。""滚滚河渭浊，皎皎江汉清。""泾清渭浊源何异，物换星移志未酬。""木皮厚三寸，泾泥五斗浊。"等等。

如此看来，对"泾渭分明"有三种解释，第一种是泾水入渭，对比出清浊的差异，没有说谁清谁浊；第二种是渭水清、泾水浊，泾水入渭，渭水也变浊了；第三种则是泾水清、渭水浊。从历史上看，泾水、渭水的含沙量出现相对变化是可能的，甚至有时出现位置翻转也是可能的。但从总体来看，应该是渭水清、泾水浊。

对于这个问题，乾隆皇帝曾下令陕西巡抚李殿图亲自查勘，搞清究竟是"泾清渭浊"，还是"泾浊渭清"。李殿图"自秦州溯流至鸟鼠、崆峒，绘图附说以进"，受到皇帝的夸奖。《崆峒山志》中平凉知府胡纪谟《泾源记》记述了这次勘察的原因与经过。根据《泾源记》的记载，实际查勘泾渭二源的是平凉知府胡纪谟，而不是李殿图。胡纪谟率人亲到泾水之源笄头山百泉（俗称老龙潭）去踏勘。

泾河流域沟壑纵横，植被稀少，水土流失严重，年输沙量30900万吨，年平均含沙量为每立方米141千克，最大含沙量为每立方米1430千克，每平方千米年输沙模数为7150吨，是一条多泥沙河流。支流基本集中于干流上段，洪水频繁发生，且量级大、泥沙含量高。流域面积占 90% 以上的上中游高原沟壑和丘陵沟壑区，黄土冲刷是泾河泥沙量大的原因。根据张家山水文站 1932—1997 年实测资料分析，该站多年平均年输沙量为 2.9 亿吨，占流域年均总输沙量的 93.9%。

泾河流域的文化古迹驰名中外。1973 年在甘肃省合水县泾河支流马莲河畔发掘的黄河古象化石，是世界上迄今发掘的个体最大、保存最完整的剑齿象化石，距今约有 250 万年。华池县赵家岔旧石器遗址、平凉市崆峒山道教建筑、泾川县王母宫石窟和南石窟寺、西峰区南的北石窟寺等，都是甘肃省有名的古刹名寺。

陕西省长武县的唐代昭仁寺，大殿建筑别具一格，寺内有唐初大书法家虞世南的书刻石碑。彬州城西的大佛寺是唐贞观三年（公元 629 年）唐太宗李世民为其母亲庆寿所建，大佛高达 24 米。水口乡有秦王苻坚的墓葬，此外还有周部落姜嫄墓、公刘墓。醴泉县唐太宗的墓葬昭陵更是中外驰名，"昭陵六骏"是举世知名的瑰宝。昭陵周围还有魏征、李靖、房玄龄、尉迟敬德等 157 座墓葬。泾阳县有郑国渠遗址、明代崇文塔和惠梁寺等名胜。现在的西兰公路大体是汉唐以来丝绸之路关中北线的途径。

泾河水文化最有代表性的就是建于秦代的郑国渠，它一直运行了两千多年，至今还发挥着重要的作用。

第二章　汉代白渠

　　白渠是汉武帝太始二年（公元前95年）继郑国渠之后，由赵中大夫白公主持兴建的大型引泾灌溉工程。后代将郑国渠与白渠放在同等地位，共称为郑白渠，郑国与白公也就成为历代引泾的鼻祖和偶像。

第一节　六辅渠

　　据《汉书·沟洫志》记载："自郑国渠起，至元鼎六年，百三十六岁[①]，而兒宽[②]为左内史，奏请穿凿六辅渠，以益溉郑国傍高卬之田。"

　　兒宽（？—公元前103年），西汉千乘（今山东省高青县北）人。治《尚书》，为孔安国弟子。青年时期"贫无资用，尝为弟子都养"，但读书求学，常"带经而锄，休息辄读诵"。兒宽为人温良，廉洁自律，善著文章，尤通古法。他曾官至御史大夫，与司马迁等共同制定《太初历》。《汉书·艺文志》儒家有《兒宽》九篇，后世有清代马国翰辑本。

　　兒宽初入仕，当时杜陵（今陕西省西安市东南）人张汤为廷尉。

　　[①] 元鼎六年是公元前111年，实际距秦王政元年（公元前246年）是135年。
　　[②] 兒宽，后来的一些文章也写作"倪宽"。

张汤很器重兒宽的才气，让他在自己手下担任奏谳掾，从事起草奏章文书等工作。武帝元鼎四年（公元前113年），张汤为御史大夫，兒宽升任中大夫，继而又升迁为左内史。据记载"宽既治民，劝农业，缓刑罚，理狱讼，卑体下士，务在于得人心；择用仁厚士，推情与下，不求名声，吏民大信爱之。"兒宽在任期间，劝课农桑，减轻刑罚，重视水利。元鼎六年（公元前111年），"宽表奏开六辅渠，定水令以广溉田"，汉武帝采纳了他的建议，并令他主持在郑国渠上游北岸开凿六条小渠，扩大这一带的灌溉面积。关于这次施工，《汉书·沟洫志》明确指出六辅渠所灌，是在郑国渠旁的高程较高而郑国渠又无法自流灌溉的农田。但是，六辅渠在什么地方？引用什么水源？这是相互关联的两个问题，原始记载不明确，历史上的解读也不一致。唐代人颜师古对《汉书·兒宽传》六辅渠的注释说："此则于郑国渠上流南岸更开六道小渠以辅助灌溉耳。今雍州云阳、三原两县界此渠尚存，乡人名曰六渠，亦号六辅。"它是在郑国渠上游以南所开的六道小渠，引用郑国渠水扩大浇地面积，也就是说六辅渠是郑国渠的支渠。这是唐代的一种说法。元代的说法是"六辅渠，今白渠北限所经即其地，但颜师古所谓南岸者，恐当作北岸"①。

从当地地形上来看，郑国渠旁的高地主要分布在北岸，而十六年后又在郑国渠之上另开白渠，且其上游在今王桥、石桥一带郑、白二渠渠线重合，说明六辅渠应在郑国渠以北，引冶、清诸水以辅助灌溉。因此，实际上六辅渠并不一定是引用郑国渠或者泾水，更可能的情况是，六辅渠是以郑国渠以北的冶峪、清峪、

---

① ［元］李好文《长安志图》。

浊峪等几条小河为水源的，我们可以从汉武帝在六辅渠开凿后发出的一番感慨和议论中看出这点来。他说："农，天下之本也。泉流寖灌，所以育五谷也。左、右内史地，名山川原甚众，细民未知其利，故为通沟渎，畜陂泽，所以备旱也。今内史稻田租挈重，不与郡同，其议减。令吏民勉农，尽地利，平繇行水，勿使失时。"《史记·河渠书》记载六辅渠引"堵水"，"堵"与"诸"同，"水"一作"川"，再加上汉武帝所说"名山川原甚众"，基本可以得出明确的结论，六辅渠是引"诸水"，而不是引用郑国渠或者泾水。

兒宽在领导兴修水利之际，还在六辅渠的管理运用方面有一项新的创造，那就是在我国首次制定了灌溉用水制度，"定水令，以广溉田"。由于制定了灌水制度，促进了合理用水，因而扩大了浇地面积。很可惜的是，这一宝贵历史资料早已散佚，无法知道它的全貌，"定水令，以广溉田"这七个字是仅存的文献资料，但是，兒宽作为我国灌溉用水制度的创始人而在中国水利史上占有一席之地。

第二节　白渠

《汉书·沟洫志》记载："太始二年，赵中大夫白公复奏穿渠。引泾水，首起谷口，尾入栎阳，注渭中，袤二百里，溉田四千五百余顷，因名曰白渠。"

白渠和郑国渠兴建时间相隔约150年，距六辅渠修建仅16年，六辅渠的兴建仅是郑国渠的补充，而白渠则是郑国渠后引泾工程大规模的改造，此时郑国渠的引水因河床下切发生困难，下游引用他水灌溉部分农田，灌溉效益已大为减少。白渠的兴建提高了引泾灌区的效益。

白渠的渠首位置，按《汉书·沟洫志》载"白公复奏穿渠，引泾水，首起谷口"及《水泾注》载"白渠首起谷口，出于郑渠南"，白渠渠口位置遗址位于泾阳县木梳湾村西泾河沿岸。

"瓠口"指泾河出山的河谷，右岸（西岸）为汉代的谷口县（今礼泉县），左岸（东岸）为汉代的池阳县（今泾阳县）。古今诸书的解释，基本一致。"谷口"则解释纷纭，例如唐司马贞《史记索隐》所谓"瓠口即谷口"，把它和瓠口混为一谈；杨守敬则解释汉为"谷口县"，等等。这些解释几乎都忽略了《汉书》《水经注》原记载的本意。《汉书·沟洫志》明明在"首起谷口"下面再次指明"池阳谷口"。《水经·渭水注》则在"首起谷口"下接着指出"水出郑渠南"，明确渠首的具体位置；而且在引述"田于何所？池阳谷口。郑国在前，白渠起后"四句歌词之后又着重指出"即水所始也"。

从泾河自然历史的发展看，由于泾河河床不断下切，为保证一定的引水高程，历代渠口均在不断上移。泾惠渠管理局曾在现场调查勘测，在距郑国渠口遗迹上游 1297 米处（在泾河张家山水文站大断面以下 300 多米），泾河左岸二级阶地陡壁上，发现有明显的人工开挖渠道缺口，与两边陡壁砂石层不整合，岸上二级阶地残存有古渠道遗迹一段，上口宽 17 米，底宽 5 米，深 5 米；按照宋代修建丰利渠时开挖石渠和土渠共长 7300 余尺与古白渠合的记载①，此处可初步判定为白渠的渠口所在，由于多年泾河洪水

① ［元］李好文《长安志图》。

对河岸边的淘刷，可能原渠口及部分渠段已塌毁。白渠在郑国渠首上游另开渠首引水，汇入原郑国渠道，流经王桥、石桥后，跨出郑国渠而向南流东行，形成新的白渠灌区，后与郑国渠并称为郑白渠。

图 2-1　汉代白渠引水口遗址

白渠兴建时渠首是否有"石䃯"石堰之类的分水引水建筑物，目前尚无可考，有待研究。引泾渠口引水建筑物大概最早始于唐代。郑白渠口永久性引水建筑物的记载首见于宋淳化二年（公元991 年）杜思渊的奏书 ①。上距唐末仅九十余年时间，推算该石䃯应为唐代形制。

白公所修渠道工程，《汉书·沟洫志》只简略地记载为："首起谷口，尾入栎阳，注渭中，袤二百里。"而《水经注·渭水》则记述为："白渠首起谷口，出于郑渠南，东径宜春城南，又东南径池阳城北，枝渎出焉，东南历藕原下，又东径郿县故城北，东南入渭，今无水。白渠又东，枝渎出焉，东南径高陵县故城北，

---

① 《宋史·河渠志》。

又东径栎阳城北，又东径秦孝公陵北，又东南径居陵城北、莲芍城南，又东注金氏陂，又东南注于渭。"《水经注·沮水》载：郑渠"与沮水合，分为二水，一水东南出即浊水也，至白渠与泽泉合，俗谓之漆水，又谓之漆沮水，绝白渠，东径万年县故城北为栎阳渠，其水又南屈，更名石川水，又西南径郭猿城西与白渠枝渠合，又南入于渭水也"。这两处的记载基本一致。按此所述，汉代所修白渠经池阳城北后分为二支，一支东经郭县故城北，东南入渭；另一支即东支经栎阳城北后穿过石川河，经莲芍城南，东注金氏陂，又东南注渭。

　　由于古今对白渠渠首位置解释不一，对白渠与郑国渠关系的解释也颇有差异。在进行郑国渠、白渠渠首遗迹调查勘测时，曾现场查勘了渠首段郑、白渠故道及附近地形，认为白渠口开在郑渠之上游，其渠首段引水渠道则沿泾河岸二级阶地南行，在古惠民桥与郑渠故道相会合，下至今王桥到石桥镇附近，受地形限制（北依原脚，南临泾河），历代引泾干渠故道与现泾惠渠总干渠线路基本一致；此后按《水经注》记载，郑国渠是经宜秋城北，后又经池阳故城北；而白渠则经宜春城（系宜秋城之误）南，又东南经池阳城北，即郑国渠在北，白渠在南，而所谓白渠出郑渠南之说即指此。白渠渠首段自古惠民桥至宜秋城（约在今石桥一带），循郑渠故道，此后离郑渠而南向东南流，渠线高程相对降低，因此只溉田四千五百顷，此时，郑国渠由白渠口引水过宜秋城后引泾水之分流或仍保留绝冶、清、浊诸水之渠段，灌白渠以北之地，形成郑、白渠并存的南北两个灌区。

第三节 汉代的水利管理

在人类文明史中，农业的发展无疑是篇幅极大的一章，无论中外，早期文明的遗迹与农业密切相关者甚多。作为农业命脉的水资源，相应地也占有突出的地位。可以说，自从人类开始定居生活，由以渔猎为主转为以农耕为主的时期起，合理利用水资源这一问题，便不以人的意志为转移地出现在人类的生产活动中。经过实践，人们在这一问题上获得了种种经验，并形成了约束有关各方的条例，这可以说是水利法规的起源。

众所周知，古代巴比伦两河流域和印度河流域的灌溉工程，在时间上要较我国黄河流域早得多，但留传的文献记载却很少，这和我国的情况形成了鲜明的对比。我国的许多古代工程，不仅有相当详尽的文献记载，还有系统的管理规章。对工程效益的分配、管理方法、维修经费分摊等方面都有切实可行的成文规定，这是我国水利事业持续发展的重要条件。

我国水利管理规章，从春秋时期"无曲防"的条约算起，约有 2500 年历史。

白渠建成后，仍沿用了引洪淤灌的灌溉方式。西汉时期在农业生产技术上改良了农具、推行了区田制，并将冬小麦引入关中。减免徭役使民休养生息等一系列政策的推行，都推动了农业的发展。白渠灌溉面积虽不及郑国渠的多，但已开有支渠，灌水较有保证，灌区也更富饶。

西汉特别重视关中水利，曾设专职官吏管理。武帝元鼎二年（公元前 115 年）初置水衡都尉，设有都水丞，左冯翊和右扶风也分别设有左、右都水长丞，其品级与京兆尹相同，在当时称为"三辅"。汉哀帝时曾任命息夫躬为"持节领护三辅都水"，权力很大。白渠就在三辅都水管理之下，当时已有了水利管理机构，加之兒宽的"定水令，以广溉田"，是我国古代最早的灌溉管理制度。

与兒宽同样闻名的还有召信臣。召信臣，字翁卿，西汉末年九江寿春（今安徽寿州）人。青年时期以通明经甲科为郎，后历谷阳（今河南鹿邑县）长、上蔡（今河南上蔡县）长。曾任零陵太守，后历任少府、谏议大夫、南阳郡太守等职。约在汉平帝元始初年（公元2年）病逝。召信臣在兴建水利工程的同时，还特别注意到灌溉用水的管理。水源是有限的，为了将有限的水用得合理，增加灌溉面积，他还为灌区制定了称作"均水约束"的灌溉用水制度，将制度条文刻在石碑上，以告诫人们节约用水、合理用水，提高了管理水平。

召信臣制定的"均水约束"和兒宽所制定的"水令"，都是灌区用水管理的规章，是我国早期见于文史记载的水利法规。

第四节　郑白渠的示范作用及其影响

由于泾河含有较多泥沙，白渠也为关中平原农田带来了肥沃的沉积土壤。当时的民谣称赞道："田于何所？池阳谷口。郑国在前，白渠起后。举锸为云，决渠为雨。泾水一石，其泥数斗。且溉且粪，长我禾黍。衣食京师，亿万之口。"说明这两条灌渠所带来的富饶。再加之其他如引渭灌溉工程及关中漕运工程的大规模兴建，曾使关中成为全国最富庶的地区，史载："天下财富三分，关中有其二。"关于白渠与郑国渠的灌溉效益，班固在《西都赋》中所描述的"郑白之沃,衣食之源。提封五万,疆场绮分,沟塍刻镂,原隰龙鳞,决渠降雨,荷锸成云。五谷垂颖,桑麻铺棻"赞扬了郑白渠的显著效益。

郑国渠的成功开创了引泾灌溉的先河,也为关中的灌溉起到了很好的示范作用。秦朝的迅速衰败使得郑国渠的发展受到制约,它的示范作用更多表现在汉朝,尤其是在汉武帝时期。

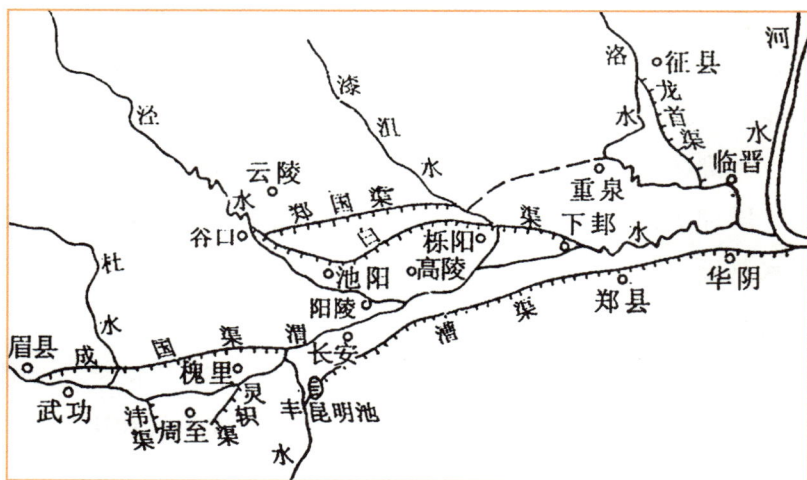

图2-2 汉代关中水利示意图

汉武帝很重视水利建设,他在位时,先后在各地组织兴建了一批大型水利工程,掀起了我国历史上一次水利建设的高潮。这时期的河东渠田、东南地区水利灌溉工程、朔方河西等地的屯田和灌溉都很有成绩,而规模最大、影响最深的还是关中平原灌溉水网络的建设。除了引泾灌溉的白渠外,有较大影响的灌渠有龙首渠、成国渠、蒙茏渠、灵轵渠、漕渠等。

龙首渠是引洛灌溉工程,也是中国历史上第一条地下井渠引水工程。相传在开渠过程中挖出大量化石,古人把化石看作是龙骨,所以就把这条渠称作龙首渠。汉武帝元狩年间（公元前122—前117年），为了灌溉重泉（今蒲城东南20千米）以东临晋（今大荔）一带、北洛水下游东岸的一万多顷盐碱地，庄熊罴向汉武帝建议，由北向南

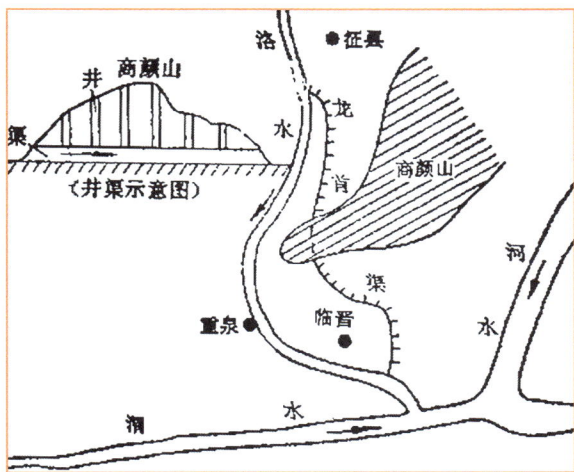

图 2-3　龙首渠井渠施工法工程布置示意图

修建一条引洛河水的灌溉渠道。灌渠经过商颜山（今铁镰山）下时，因土质疏松，西侧渠岸容易崩塌，于是在地面上开凿一系列竖井，从井底向两面开挖，增加了工作面，还解决了出渣、通风和照明等问题。最深的竖井达到四十多丈，在地下修建暗渠使井井相通，水在井下流通，此工程征调士卒1万余人，历时10多年才告竣工。龙首渠的建成，使盐碱地得到灌溉，并使其变成"亩产十石"的上等田，产量增加了10多倍。这段穿过商颜山的地下渠道长达5千米多，是中国历史上的第一条地下渠，在世界水利史上也是一个伟大的创造。井渠法不久就通过丝绸之路传到了西域，甘露元年（公元前53年），在今甘肃与新疆交界处就有卑鞮侯井，也是井渠①。直到今天，新疆人民在沙漠地区仍然用这种井渠结合的办法修建灌溉渠道，叫作"坎儿井"，西亚地区干旱地带也用这种办法灌溉农田。西汉龙首渠的井渠法是中国古代劳动人民高度智

---

① 王国维《观堂集林·西域井渠考》。

慧的结晶，它为世界水利事业提供了宝贵的经验①。

成国渠是渭北平原上的古代著名灌溉工程，渭惠渠的前身。西汉中期始建，渠首位于郿县（今陕西眉县东北）东北，引渭水，东北流，下经武功、槐里（今兴平市东南），至上林苑（今咸阳及西安鄠邑区、周至县一带）入蒙茏渠。曹魏青龙元年（公元233年）向西延伸至陈仓（今陕西宝鸡东），并增辟汧水（今千水）作为水源。下游自今兴平市北向东延伸，至今咸阳市东回入渭水。西魏大统十三年（公元547年）曾经整修，建成六门堰蓄水。成国渠与六门堰相连，唐代俗称"渭白渠"，至明代遂湮废。1935年李仪祉主持兴建渭惠渠，使古渠新生。1971年成为宝鸡峡引渭灌区的组成部分。

成国渠下游是蒙茏渠，渠在上林苑内，苑跨渭水南北。蒙茏渠为上林苑供水渠道，分支散漫于苑内。

灵轵渠是渭水以南的一个小灌区，自今周至向东流，北入渭水，灌溉今周至、鄠邑区一带农田，直至宋代还在使用②。

灵轵渠以西有沣渠，自今周至县西南的韦谷北流入渭水，也是一个小灌区③。

漕渠是一个以航运为主的水利渠系，建于元光六年（公元前129年）。此外，自终南山向北入渭水的小河，如沣水、浐水、灞水等也都有灌溉之利。

---

① 关于新疆坎儿井的起源，历代争论不休，本文只是一种说法，即"东来说"。第二种说法是"西来说"，认为是从西亚干旱地区传入。第三种是"本地说"，认为是新疆本地的实践产物。

② 此处引用《汉书·地理志》和北宋宋敏求《长安志》的说法。另有一种说法认为灵轵渠在渭水以北，见《水经·渭水注》。

③ 清代胡渭的《禹贡锥指》认为沣渠在渭北，恐有误。

第五节　郑白渠的衰败

郑国渠运用了 140 多年引水口即被淤废，白渠至新莽时运用 100 多年，既无永久性引水建筑物，也难以长久不衰。东汉迁都洛阳后，关中一带曾多次经历战争，郑白渠逐渐衰败。《读史方舆纪要》有如下一段记载："白渠在郑渠下流之南。后汉迁洛，而郑、白两渠渐废。晋建兴四年（公元 316 年）刘聪使刘曜寇长安，曜陷冯翊，掠上郡北地，进至泾阳，渭北诸城悉溃，遂逼长安。义熙十三年（公元 417 年）刘裕代秦，王镇恶自河入渭，秦主宏遣其将姚疆等合兵屯泾上以拒之，为镇恶所败，其时泾水左右皆战地也。宇文周以后，渠堰之利复起。"从东汉到隋朝建立，中间 500 余年有关郑、白两渠的记载很少。

东汉灵帝光和五年（公元 182 年），在泾水下游阳陵县（今高陵区辖地），由京兆尹樊陵主持修建了樊惠渠。这是一个规模不大的工程，渠首建有分水堰，分拦泾水成陂，引水入渠道，支渠以下有水门或涵洞控制流量，取得了"清流浸润，泥涝浮游，曩之卤田，化为甘壤"的效果[1]。据史料记载，渠堰为堆石结构，打有基桩，堰上培土，护之以埽，颇为坚固。引水渠道建有引水口门、分水涵洞以及排沙沉沙等工程设施，田间渠系配套也较合理完备，灌溉、淤地结合，并在黄河流域首创以桩柱作基建堰的技术。据专家考证此渠在泾东渭北、奉正原以南的一级阶地和高漫滩地区，灌溉今高陵、临潼地约 10 万亩。由于渭河不断北徙，其地今已大半不存。

---

[1] 蔡邕《京兆樊惠渠颂》，载《全上古三代秦汉三国六朝文》卷 74。

建元七年（公元 371 年），苻坚"以关中水旱不时，议依郑白故事，发其王侯已下及豪望富室僮隶三万人，开泾水上源，凿山起堤，通渠引渎，以溉冈卤之田。及春而成，百姓赖其利"[①]。但仅仅相隔了十年，长安出现大饥，"人相食，诸将归而吐肉以饴妻子"。这说明苻坚修渠的收效并不长久。

西魏大统十三年（公元 547 年），"春正月，开白渠以灌田"[②]。

大统十六年（公元 550 年），贺兰祥拜大将军。"太祖以泾、渭灌溉之处，渠堰废毁，乃令祥修造富平堰，开渠引水，东注于洛，功用既毕，人获其利。"[③] 根据《长安志》记载："富平堰在富平县南 20 里"，可以推断这是一次恢复石川河以东郑国渠故道的尝试。

---

① 《晋书·苻坚记》。
② 《北史·文皇帝纪》。
③ 《北史·贺兰祥传》。

第三章　唐代三白渠

郑国渠和白渠是何时合称为郑白渠的，没有确切的说法，目前所见最早的记录是南北朝，《魏书·地形志》咸阳郡条下载有"池阳有郑白渠"[①]。《新唐书·地理志》记载"云阳有古郑白渠。高陵有白渠"，可以说明郑白渠是郑国渠在唐代的延续。郑白渠在唐代有三条支渠，故又称三白渠。三白渠包括太白渠[②]、中白渠和南白渠，最早记载出现在唐代武周时期《十道志》和宪宗元和年间的《元和郡县志》。

唐代三白渠就其渠首及渠系工程的改善，灌溉方式及用水制度的变革，管理体制及法规的健全以及灌溉经济效益等而言，均已超过秦汉时期。此时的引泾灌区，渠系经过大规模重修改善，改善渠首为低坝引水，干、支、斗渠配套，设三限闸健全配水体系，改变过去的引洪淤灌方式为引清水灌溉并以冬、春、夏灌为主的方式，在京兆少尹的直接领导下，有较为完备的管理组织和制度，经常进行维修和整修，发展水车灌溉和渠道碾硙，灌溉效益显著，鼎盛时期灌溉面积号称一万多顷。

---

① 《魏书》卷106。
② 太白渠又作"大白渠"，在古文字中"太""大"是通用的。

第一节　三白渠的建设过程

　　秦汉时期的郑国渠和白渠，历经沧桑变化，年久失修，渠道壅塞，效益衰减。唐代多次组织人力进行修复，高宗永徽六年（公元 655 年），雍州长史长孙祥征发民工疏通渠道，使很多荒芜土地变成水田；从玄宗开元初年（公元 713 年）起，京兆尹李元纮疏决汉时的三辅渠；代宗大历十二年（公元 777 年），京兆尹黎干又先后开通了郑白渠上的多处支渠，恢复了秦汉时期郑白渠的灌溉能力，使关中大为受益。到德宗贞元年间（公元 785—805 年），在郑白渠以南，新开凿了三条渠道，即太白渠、南白渠和中白渠，故合称三白渠。太白渠位于京兆府泾阳县东北十五里，东流过高陵县，从华州郑县（今华县）注入渭水，中白渠和南白渠往东南流入高陵县境①。

　　郑白渠的渠首引水工程，与郑国渠和白渠不同，不是在河岸开口引水，而是在泾河上建设拦河壅水石堰，相当于今天的拦河坝。石堰的形式，根据史料记载有两种说法，一种是"石翌"，又称"将军翌"，另一种是由若干个"石囷"组成拦河石堰。这比郑国渠和白渠从技术上讲有了大的进步。引水渠口工程也大有改进，当时把渠口称"洪门"。在渠口上设有六个石门，有今天的分水闸门的功能，形成较为完整的低坝引水枢纽。有了石堰和石门，渠首引水就有了保证，非汛期也可引水，保证了郑白渠一年四季都可灌溉。古今引泾渠首段在今赵家桥以上是重合的，随着时间的推移，河床不断下切，因此自唐代以后引泾渠口就不断上移，

　　① 《元和郡县志·泾阳县》。

唐代渠首的确切地址就很难找到了。引水渠口六个石门的形式和结构，未见文献具体记载，也很难考证。

郑白渠的渠系工程在唐代得到了逐步的完善，建造渠首洪口石堰是为了增加引水量。总干渠其下分为太白、中白、南白三条干渠，最初是中白渠从太白渠引水，南白渠从中白渠引水，共设斗门48个。唐武德二年（公元619年）在下邽县扩建金氏二陂，将中白渠横跨石川河，东南注入金氏陂。大历十三年（公元778年），京兆尹黎干请"开郑白支渠"后，确立了三白渠集中在三限口设闸分水的渠系布置，斗门增加到135个。斗门是从支渠引水到斗渠的控制性建筑物，一般结构比较简单，操作起来也方便，农民自己就可以掌握。从安史之乱后，唐王朝日趋衰落，灌溉管理松弛，灌区上游豪强霸水，使下游高陵灌水无着。长庆三年（公元823年）高陵县令刘仁师根据《水部式》法令所列"居上游者不得壅泉而专其腴"的条文，与泾阳县进行了一场诉讼，胜诉后获准另开水道，在两县交界处兴建彭城堰和刘公四渠，开工后又因泾阳人"以奇计赂术士"而一度停工，几经周折才得以建成。

自彭城堰和刘公四渠建成后，三白渠的渠系工程配套更加完善，整个灌区的渠系布置是：自仲山泾河峡谷石门洪堰引水至泾阳县城北三限口以上为总干渠，渠上开设斗门28个，前四斗与醴泉分溉田亩，以后诸斗灌泾阳田；三限口设闸分为太白、中白、南白三条干渠。

太白渠上开设斗门5个，灌三原、富平田，太白渠至邢村设堰，引清、冶水入太白渠，堰下分为二渠，北为务高渠，开斗门23个；南为平皋渠，设有斗门8个。

中白渠在汉堤洞附近从北岸支分一渠名狂渠，以后废弃，在

南岸开斗门3个，北岸开斗门4个。流至高陵县西北30里县界设有彭城闸，彭城闸北限为中白渠正流，设斗门23个，分水灌三原、栎阳田。下游后又支分为洪沙渠、宁玉渠，后来废弃；南限称为中南渠，设斗门22个。至磨子桥又分为二渠，一为高望渠，设斗门12个，一为隔南渠，设斗门12个；至张市里再支分为二渠，北为析波渠，设斗门5个，南为昌连渠，设斗门3个。

图3-1　斗门

南白渠设斗门5个，专灌泾阳县田。

以上共计有干渠3条，分支渠11条，斗门176个（包括三条后废的分渠斗门），还有若干处泄水、退水设施。每渠、每斗专设渠长、斗长一人，且各斗均有斗名，"垒石砌筑，安木节水，不能私造"，受水时刻、水量及灌溉田亩均有定数。从灌区总体布局来看，与近代泾惠渠灌区渠系布置走向大体相似，说明唐代渠系工程设计定线技术已达到很高的水平。另据唐《水部式》载，唐时清、冶二水也纳入三白渠系统，作为三白渠的水源之一。由此可见，唐代三白渠的渠系工程，是古代引泾历史上的鼎盛时期，以后各代只是沿泾河峡谷，不断上移另开新的引水口，而下游三白渠的布局没有多大变动，以至三白渠的名称一直沿用到清代。斗门、斗渠之名使用时间更长，有些沿用至今。

第二节 《水部式》与唐代的水利管理体系

唐《水部式》是见于文献记载的由中央政府作为法律正式颁布的我国第一部水利法典，是唐代水利管理的一项重要创造。

《水部式》的全文已佚，在唐代的文献中曾有片断记录。《大唐六典》卷七，尚书工部中摘录了部分内容。在宋刻《白氏六帖事类集》（芹圃影印江安傅氏藏本）一书卷二三"水田"中，白居易曾引用过《水部式》的文字。此外，《刘梦得文集·高陵令刘君遗爱碑》中也提到《水部式》是当时的水利管理法规，并记有"决泄有时，畎浍有度，居上游者不得拥泉而颛其腴。每岁少尹一人行视之，以诛不式"的具体内容。

1899年在甘肃省敦煌县鸣沙山千佛洞发现古代封藏于洞内的六朝唐代写本，为科学研究提供了极为宝贵的古代文化典籍和历史数据。不幸的是，这些宝贵文献被发现不久，便流失到世界各地，劫余部分藏于国家图书馆。其中《水部式》原件落入法国人伯希和之手，现藏于巴黎国立图书馆。民国初年罗振玉影印了《水部式》，收入《鸣沙石室佚书》中。

现在我们所见到的只是《水部式》残卷，首尾俱缺，不见书题。其中的第三条前七十二字，与《白氏六帖》所引《水部式》文字大致相同，可以肯定，此残卷正是已佚失的唐《水部式》。在唐代"式"曾多次修订，现存《水部式》残卷大约是开元二十五年（公元737年）的修订本，因此也被称为《开元水部式》。虽是残卷，但现存唐代重要典章文献中的缺误，可以由此得到许多补正。

现存《水部式》共二十九自然条，约二千六百余字。其内容包括农田水利管理，碾硙设置及其用水量的规定，运河船闸的管理及维护，桥梁的管理及维修，内河航运船只及水手的管理，海运管理，渔业管理以及城市水道管理等内容。

罗振玉在《鸣沙石室佚书》中最早对《水部式》残卷作了介绍和初步研究，并以《水部式》校刊《唐六典》，提出了唐代海运的几种资料。1936 年，日本学者仁井田升发表《敦煌发现唐水部式研究》（载《服部先生古稀祝纪念论文集》），该文对"式"这一法律形式的起源、流变及唐"式"的内容进行了周详的论证，其创见之处是对罗振玉未考证出来的敦煌《水部式》残卷所属年代问题，提出了是开元七年（公元 719 年）《水部式》的结论。该文还对照《唐六典》，作了唐《水部式》的复原工作。那波利贞《唐代有关农田水利的规定》一文利用敦煌《水部式》残卷论述了唐代的农田水利管理状况[①]。王永兴《唐开元水部式校释》根据原卷照片及相关文献，对《开元水部式》进行了互校，并加以详尽注释，同时就番役、造舟为梁等问题进行了探讨[②]。周魁一《〈水部式〉与唐代的农田水利管理》考察了唐代以《水部式》为代表的水利法规制定情况，并就敦煌《水部式》残卷中的农田水利条款及《水部式》在水利管理中的地位和意义进行了探讨[③]。文章指出，水利事业关系到巩固封建统治秩序的问题，唐代以《水部式》为代表的水利法的制定和公开颁布，使水利管理工作有法可依，有章可循，这对于合理利用水资源，充分发挥水利工程的效益至关重要，是唐代立法的一个重要进步。

---

① 日本《史学杂志》，1943 年。
② 《敦煌吐鲁番文献研究论集》（三），北京大学出版社，1986 年。
③ 《历史地理》第四辑，上海人民出版社，1986 年。

　　《水部式》以较多的篇幅涉及农田灌溉，特别是郑白渠的灌溉管理制度。

　　《水部式》规定"泾渭白渠及诸大渠用水溉灌之处皆安斗门，并须累石及安木傍壁，仰使牢固，不得当渠造堰。诸溉灌大渠有水下地高者，不得当渠（造）堰，听于上流势高之处为斗门引取。其斗门皆须州县官司检行安置，不得私造。其傍支渠有地高水下，须临时蹔堰溉灌者，听之。凡浇田皆仰预知顷亩，依次取用。水遍即令闭塞，务使均普，不得偏并。"这一条主要包括以下内容：

　　（1）渠系上均设置斗门控制灌水流量。这些闸门闸座必须用石块砌筑，闸板则是木质，整座闸门必须坚实牢固。为了达到按比例配水的目的，必须严格控制灌溉闸门的闸底高程和闸门宽度，因而闸门的维修只能按照官府给定的尺寸进行，并需接受检验。

　　灌区正是借助这些闸门，调节干支渠的分水比例，例如，在清渠与中白渠交汇处设斗门节制水量，使五分之三流入中白渠，五分之二流入清渠。南白渠如果有多余水量，可以接济中白渠和偶南渠，其水量分配同样用斗门控制。每年八月卅日至次年二月一日，则不控制水量分配。

　　值得注意的是，中白渠和清渠，中白渠、偶南渠和南白渠之间的水量调节，不是单独一座闸门所能完成的，需要同时有多座闸门组成一个水闸枢纽，共同完成这一任务。可见当时全灌区已经有了一个完整的科学调度系统。

　　灌溉闸门需要不断维修，这种由政府出面组织的系统的斗门建设，对于提高灌区的管理水平十分重要。斗门系统的修建是唐代灌溉管理水平胜过前代的一个显著标志。

　　（2）《水部式》又规定，即使干渠水位较低，以至支渠难以

实行自流灌溉时，也不得为抬高上游水位，在干渠上拦河造堰。在这种情况下，若将支渠斗门向干渠上游移动，以提高支渠引水高程，则是可以允许的。新改建的支渠斗门仍必须申报州县，并按批准的规格施工和验收。不过，为了使支渠附近的高田能够自流灌溉，要求在支渠内临时筑堰壅高水位者，则可听之任之。这样可以保持渠道水位，以求得最大范围的自流灌溉的效果。

（3）《水部式》还规定，灌区内各级渠道控制的灌溉面积大小均须预先统计清楚。灌区内实行轮灌，当某渠道控制范围内的田地灌溉完毕，应立即关闭该渠斗门。务必使灌区内各部分田地能够普遍均匀受益，不得有所偏废。

实行科学灌水，还必须合理地安排轮灌先后次序。唐代对灌区轮灌顺序已有明确的规定，"灌田自远始，先稻后陆"，"凡用水，自下始"。所谓"自远始""自下始"，即灌区末端的渠道先用水，这个规定有助于避免上下游之间的用水矛盾。而在旱作与稻作相间的地区，则先灌水田，再浇旱地，这又是根据作物耐旱程度的差别确定的轮灌次序。

《水部式》有关灌溉行政管理的规定："诸渠长及斗门长至浇田之时专知节水多少。其州县每年各差一官检校。长官及都水官司时加巡察。若用水得所，田畴丰殖，及用水不平并虚弃水利者，年终录为功过附考。"这一条包含着这样几层意思：

（1）灌溉管理的主要工作是水量控制与分配，"每渠及斗门置长各一人。"以庶人年五十以上并勋官及停官职资有干用者为之。及灌田时，乃专节其水之多少，均其灌溉焉。

（2）灌区管理由政府派专员主持，较大灌区常常跨几个行政区，因此需上级协调用水分配和矛盾。在京城长安京畿之地，由京兆府派遣一名副行政首长执行这一任务。而当降雨过多，灌区有积涝危险时，他们同样负责检查和决定泄水时间。为了具体监督，各州县还分别选派 20 岁上下男丁 20 人和工匠 12 人轮番看守关键设施，监督闸门的运用。如果灌溉季节发生工程事故，他们还负责督促及时修理。倘若工程损坏太多，灌区本身无力及时修复时，则准许由县向州申报，要求派人力协助。

（3）条文还规定，灌区管理的好坏，是官吏考核晋级的重要依据。用水得当，以至农田丰产者录功，反之浪费水量和配水不均者记过。

唐代三白渠管理虽严，但灌溉面积不断缩小，主要问题是沿渠有势力的权贵设置大量水碓、水磨，用水太多，妨碍灌溉效益最严重的是设置在渠系上的碾硙。《水部式》残卷中有关碾硙用水的规定很具体："诸灌溉小渠上先有碾硙，其水以下即弃者，每年八月三十日以后，正月一日以前听动用。自余之月，仰所管官司于用硙斗门下著锁封印，仍去却硙石，先尽百姓灌溉。若天雨水足，不须浇田，任听动用。其傍渠疑有偷水之硙，亦准此断塞。""诸水碾硙，若拥水，质泥塞渠，不自疏导，致令水溢渠坏，于公私有妨者，碾硙即令毁破。"这些法规的具体规定成为官吏裁定用水纠纷的法律依据。其中最有代表性的有以下几个案例。

永徽六年（公元 655 年）雍州长史长孙祥奏："往日郑白渠溉田四万余顷，今为富商大贾竞造碾硙，堰遏费水，渠流梗涩，止溉一万许顷。"这是唐政权建立后不到四十年的情况。当时唐高宗派官检查渠上碾硙，尽数毁撤，但"未几，所毁皆复"。

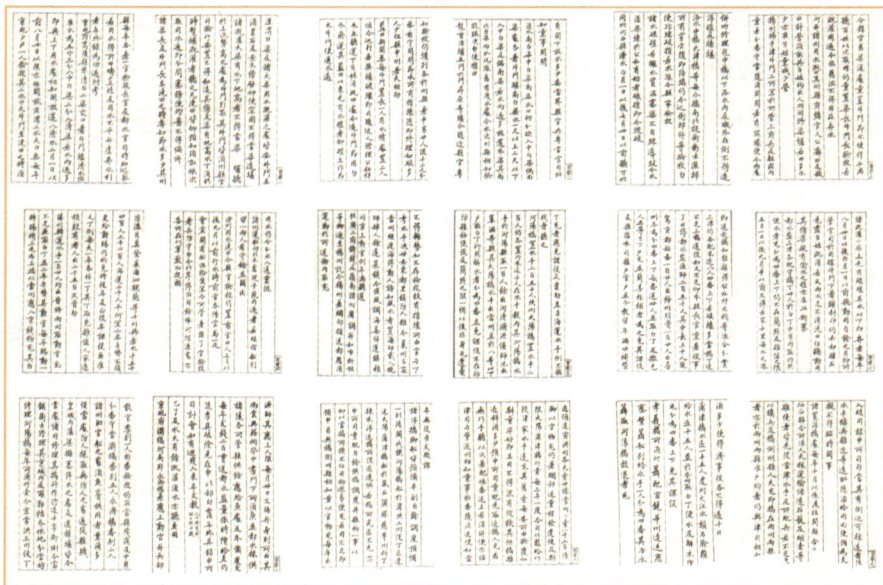

图 3-2 唐《水部式》书影

　　唐中宗在位期间（公元 705—710 年），李元纮为雍州司户参军，当时王公贵族依借权势，纷纷在水渠上架设碾硙，加工粮食，获利颇丰，屡禁不止，但严重影响了土地灌溉。李元纮下令拆除，保证了正常灌溉，保护了国家和农民的利益。在这个过程中，李元纮不畏强权，坚持法制。当时，太平公主倚仗权势，强夺某佛寺的碾硙，被告到雍州府衙，李元纮将碾硙判还佛寺。雍州长史窦怀贞畏惧太平公主，命李元纮改判，李元纮道："南山或可改移，此判终无摇动。"此后"南山铁案"成为一个成语，特指已经判定、不可改变的案件。

　　玄宗开元年间，李元纮担任万年县令，他征发赋役以公允著称，被擢升为京兆尹，并主持疏通三辅境内河渠。当时，王公贵戚都在渠岸建立碾硙，使渠水不能流入下游民田。李元纮命吏卒将其拆毁，使民田得到灌溉，深受百姓称颂。此后，他又历任工部、兵部、吏部三部侍郎。

到广德二年（公元764年）时，渠上碾硙将近一百处，十分之七的水被引用了，工部侍郎李栖筠拆去私家碾硙七十余处。

大历十三年（公元778年），京兆少尹黎干请唐代宗下诏毁除白渠水支流碾硙。当时皇家的升平公主有脂粉碾硙两轮，郭子仪有私家碾硙两轮，官府要求拆除，郭子仪的儿媳升平公主晋见皇帝，谈到了此事，希望得到照顾。唐代宗反而要求她"为众率先"毁掉碾硙，从而带动各级官吏豪门的八十余所碾硙"尽毁之"。

第三节　刘仁师治水

安史之乱以后，郑白渠管理制度被破坏，上游泾阳县霸占渠水，"拥而颛之，公取全流，浸原为畦，私开四窦，泽不及下。泾田独肥，他邑为枯"。高陵县难以灌田。"地力既移，地征如初。人或赴诉，泣迎尹马。而上泾之腴皆权幸家，荣势足以破理，诉者覆得罪。由是咋舌不敢言，吞冤含忍。"在60多年时间里，虽经多次上诉，但都没有得到解决。

长庆三年（公元823年），高陵县令刘仁师根据《水部式》中"决泄有时，畎浍有度，虽上游者不得专其腴"的规定，结合当时具体情况，上书京兆府申诉，要求为高陵开通渠道，保障灌溉。宝历元年（公元825年），京兆尹郑覃转呈皇帝，经朝廷派人调查属实，批准开工修渠，以县主簿谭孺直监督施工。当工程接近完成时，上游泾阳人为阻止修渠，假托术士诡言，上书皇帝说白渠下游是高祖别宫旧址所在，不应动土，皇帝命京兆府下令停工。

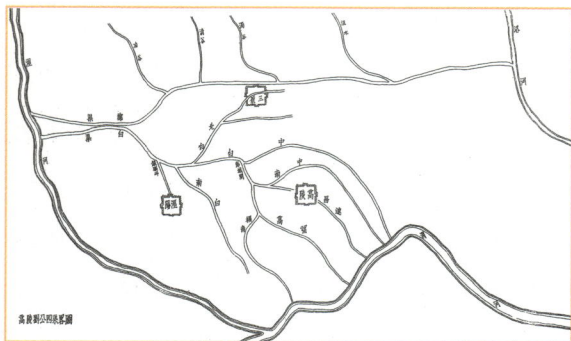

图 3-3　刘公四渠示意图

刘仁师又去京兆府控告，拜见丞相，揭发诡计，表示如不复工，就碰死车前，感动了丞相彭原公李程，便再奏皇帝，得诏令允许继续施工。十一月新渠成，十二月新堰成，渠水滚滚，旱地得灌，百姓说："吞恨六十年，明府雪之，请命渠曰刘公，命堰曰彭城。[1]" 刘公渠亦称刘公四渠，即中白渠、中南渠（包括支流昌连渠、析波渠）、高望渠、隅南渠。渠成后一年，泾阳、三原两县在上游又修了七道堰壅水，致下游水少，刘仁师又去京兆府申诉，得以派人拆除了挡水堤堰。从此，高陵县长期得到灌溉之利，刘仁师也因此受到群众的拥戴。为了感念刘仁师的功德，有人生了儿子就起名为"仁师"。

刘仁师以法治水，不但使高陵县复获灌溉之利，而且对于郑白渠的长期延续和灌区的发展，也有不可磨灭的功绩。唐代著名诗人刘禹锡曾写"高陵令刘君遗爱碑"歌颂他，并作"划新渠兮百畎流，行龙蛇兮止膏油，遵水式兮复田制，无荒区兮有良岁"的诗对刘仁师加以赞扬。

刘仁师依法治水修渠，得到百姓拥护和朝廷重用，后升任检校水部员外郎、渠堰副使、检校屯田郎中兼侍御史等，被称为"循吏，能臣"。

---

① 刘仁师是彭城（今徐州）人，因此命名为"彭城堰"。

第四章　宋代的引泾灌区

唐代以后长安失去了京城的地位，中国的政治中心东移。在经济上以黄河流域为中心向长江流域推进，在水利事业上江淮水利日趋发达。关中因此失去了京畿之地的显赫位置，水利事业逐渐萎缩。

唐王朝灭亡后，有一段五代十国的混乱时期，这期间关于郑国渠的记载很少，后唐庄宗在位（公元923—926年）期间，曾有张籛为三白渠营田制置使[①]的记载，可见这时郑白渠还在发挥作用。

宋代初期，对郑白渠渠堰进行过维修，并因石堰用工甚大而一度改用木堰。至道元年（公元995年）、景德三年（公元1006年）、天圣六年（公元1028年）、景祐三年（公元1036年）、康定年间（公元1040—1041年）和庆历年间（公元1041—1048年）也曾先后修过渠堰，均未能维持多长时间。

第一节　丰利渠

宋王朝对关中郑白渠虽有维修，建树不大。宋初对郑白渠也

---

① 《新五代史》卷47。

进行过维修，但因财力不足，因修拦河石堰用工用钱巨大，一度改为木堰。

宋太宗至道元年（公元 995 年），在梁鼎、陈尧叟的请求下，朝廷曾派大理寺丞皇甫选和光禄寺丞何亮到郑白渠现场视察，提出了"欲就其岸势，别开渠口，以通水道"的方案，这时"著作佐郎孙冕[①] 总监三白渠"，受命按照皇甫选和何亮的建议实行，并征调了一万三千人，虽然开工，而半途作罢，没有见到完成的记载。

到了宋真宗景德三年（公元 1006 年），盐铁副使林特、度支副使马景盛上奏真宗，建议复兴关中河渠之利，请下诏派遣官员整治郑白渠，真宗下诏令太常博士尚宾率丁夫整修。尚宾认为郑白渠难以达到当年郑国渠的规模和水平，在介公庙处绕过白渠的洪口，开渠引泾，再合旧渠，灌溉富平、栎阳、高陵等县，"工既毕而水利饶足，民获数倍。"此后宋仁宗天圣六年（公元 1028 年）、景祐三年（公元 1036 年）、康定年间（公元 1040—1041 年）、庆历年间（公元 1041—1048 年），先后修过渠堰，但均未能维持多长时间。后来宋英宗在位，执政仅 4 年，对维修郑白渠也没有什么建树。

神宗即位后，"志在富国，以劝农为先"，认为"灌溉之事，乃农之大本"。起用王安石，实行变法，于熙宁二年（公元 1069 年），颁布《农田水利约束》[②]。在全国掀起兴修农田水利

---

① 孙冕生平，没有完整记录，生卒年不详。《续资治通鉴长编》卷 42，至道三年十二月有"秘书丞、勾当京兆府三白渠孙冕上疏言九事"的记载。他和北宋诗人孙冕似乎不是同一个人。

② 在《宋史·神宗纪》中称《农田水利约束》，而《宋会要》中则为《农田利害条约》，实际是同一个法规。

的高潮，郑白渠就是在这样的历史背景下进行恢复建设的。

神宗时华州华阴（今陕西华阴）人侯可，曾因军功得官，先后任四川巴州化城知县、华原主簿、签书仪州判官，受到宋代重臣韩琦的赏识。韩琦是仁宗时的进士，历任右司谏、陕西安抚使、枢密副使，以及扬州、定州、并州知府等，后官至宰相。为仁宗、英宗、神宗三朝老臣，后来镇守长安，便推荐侯可任泾阳知县，侯可劝说渭源（今甘肃渭源县）羌族首领献宋室地八千顷，羌族也得到了安抚，侯可立功，受到了韩琦的表扬。侯可于神宗熙宁五年（公元1072年）提出开凿小郑渠，以兴郑白之利。同年11月17日都水丞周良孺言自石门北开二丈四尺，堰泾水入新渠，可灌地2万顷，开至临泾就高入白渠，则水行25里，利益广开，至三限口50里接重阳，可灌地3万顷。熙宁七年（公元1074年）侯可升殿中丞，又"议自仲山旁凿引泾水东南与小郑渠汇合，下合流白渠"。这项工程把引泾渠移至仲山旁石质河岸。"自熙宁七年秋至次年春（公元1074—1075年）渠凿者十之三，当时岁歉驰役。"也就是说渠道工程仅完成十分之三，就因遭旱灾歉收而停工。

熙宁年间，张守约为泾州知州，当时泾水经常危害州城，因此每年都要增治堤堰，花费很多。正好当年农业歉收，张守约就暂停了对堤堰的维修。有人提出洪水来了怎么办？张守约表示："歉岁劳民，甚于河患，吾且徐图之。"[1] 当时有河神祠在河南岸，张守约向河神祈祷，打算将河神祠移往北岸，"以杀河怒"。结果某天夜间雷雨，第二天发现泾河改道南移了，北岸变成了

---

[1] 《宋史》卷350。

沙碛。泾阳城本就在泾河之北，泾河改道南移，减轻了对泾阳城的威胁。显然，这是一次河流的自然改道，只是被赋予了某种神秘色彩。

图 4-1　都江堰的竹笼

宋徽宗大观元年（公元 1107 年），秦凤路经略使穆京以太府少卿出使陕西，宣德郎范镐和承直郎穆下向他建议继续兴建引泾灌溉工程。穆京接受这一建议，回京上奏宋徽宗，得以准奏，乃诏本路提举常平使者赵俭主持，于 1108 年动工，按旧迹再次兴工。遇到的首要问题是泾河引水问题，唐代的郑白渠是在泾河修筑石堰（坝）引水，但随着河水的冲击，河床不断下切，河水不能入渠。唐代为了避免兴建石堰容易废弃的弊端，便兴建木石围堰挡水入渠。据记载，在泾河拦腰兴建石囷，共十一行，每行有囷一百余个。每囷用椽四十八根，再用枣条六十担编成圆形的大囷，其状如筐，在囷内装满石头，彼此连接，成为一道石囷构成的拦河大坝，"当河中流，直抵南岸……以壅水入渠。"[1] 石困是一种水工构件，又称石囤、木柜、木笼、羊圈等等。在北方经常用圆木绑扎成圆形、方形或矩形框架，内填大卵石或块石构成。在南方则多使用竹材，其中以都江堰的竹笼最具代表性。

引泾之初的方案有人提议"凿石与泾水适平，然后立堰堵水"。赵俟则认为"立堰当为远计，乃使渠深下水面五尺，则无修堰之弊，而利溥且久"。就是说筑坝拦水费工费财，侯可采用加深引水渠口的办法解决了引水问题。渠首一段渠道工程开挖在岩石破碎地带，容易受到洪水冲击淹没的威胁，为了解决这一问题，赵俟开凿了两个隧洞，设置了两个闸门，还在大王沟、小王沟和透槽沟上修建了三个排洪桥，解决了三条沟道洪水对渠道的威胁。根据文献的记载："石渠依泾之东岸，不挡水衡，道即渠口凿二渠，各开一丈，南渠百尺，北渠五十尺，又泾水涨溢不常，乃即火烧岭北岭及岭下，因石为二洞：曰回澜，曰澄波，又渠南为二闸：曰静浪，曰平流，以节激湍（至 20 世纪 80 年代二闸残迹犹存），渠之东岸有三沟：曰大王，曰小王，其南曰透槽。"[2] 赵俟在引泾灌溉工程的设计和施工上，较以前有了很大的进步。整个工程经过两年多的施工，于 1109 年建成了土渠，渠宽一丈八尺，长四千二百二十尺，南与故渠合；1110 年建成石渠，梯形断面，上宽一丈四尺，下宽一丈二尺，长三千一百四十一尺，出泾河峡谷南与土渠相接，土、石两渠合长七千一百一十九尺。"凡溉泾阳、醴泉、栎阳、云阳、三原、富平七县田三万五千九十三顷，赐名

---

① 《长安志》。
② 蔡溥《修渠题名记》。

丰利渠。"①

丰利渠较前代各渠的规模大大缩小，灌溉面积仅31万亩。

图4-2　宋代丰利渠渠首遗迹

第二节　樊坑渠

樊坑渠是郑白渠上的泄水道，又名旁岗渠，泾阳县王桥镇上然村西北之古惠民桥遗址处，1980年代尚存有遗迹大沟一道，向西南穿过上然村，下入泾河，全长约1.2千米。该渠开凿年代不详，但据蔡溥记载修丰利渠时已有樊坑渠，说明至少在唐代即已存在，在修建丰利渠时曾进行了扩建和改建②。由于它位于宣泄仲山以东木梳湾一带山原洪水的沟道与郑白渠交叉地带，兼有排洪作用，为了保障渠道安全，除对渠岸砌石加固外，在南岸与樊坑渠相接处，砌筑了堆石溢流堰，东西长40尺，北高8尺，顶宽17尺，溢流面"石

---

① 侯蒙《开渠纪略》。
② 蔡溥《开修洪口石渠题名记》。

尾相衔而下"斜长 40 尺，沟水入渠合渠水，超过堰顶则溢流沿樊坑渠下泄，退入泾河。这座溢流堰历代沿用，一直起着渠道退水及宣泄沟道山洪的作用，清代龙洞渠时，还修复多次。

第三节　宋代的水利管理制度

丰利渠工程，主要是上移引水口至泾河峡谷中段，并开凿了工程艰巨的石渠和挖方较深的土渠。以下渠道工程仍循郑白渠故道，至三限闸和三白渠渠系，均维持原有布局。不同的是灌区只限于石川河以西，且原为郑国渠所"横绝"的冶、清、浊诸水，已开始逐步形成单独的灌区。由于渠首深入泾河峡谷，维护工作繁重，在用水管理及工程维修养护制度等方面都有一些新的发展。

宋代沿用唐代郑白渠"立三限闸以分水""立斗门以均水"的水量分配制度。而"三限、彭城两闸盖五县分水之要，北限入三原、栎阳、云阳，中限入高陵、三原、栎阳，南限入泾阳"。到分水时各县须有正官一人亲到限首，共同监视。共有斗门 135 个，其中三限以上设斗门 19 个。北限大白渠上设斗门 5 个，下至邢堰分为二渠：务高渠有斗门 23 个，平皋渠有斗门 8 个。中限中白渠上有斗门 10 个，至彭城闸分为四渠：中白渠有斗门 23 个，中南渠有斗门 15 个，高望渠有斗门 11 个，隔南渠有斗门 5 个。其中中南渠下又分为二渠：折波渠有斗门 1 个，昌连渠有斗门 3 个。南限南白渠有斗门 12 个。水出斗后由各户自开小渠引入田中。

水量以"徼"计量，水流一尺见方为"一徼"。渠首最大引水量为 120 徼，原在平流闸下石渠岸刻有石龟，有"水到龟儿嘴，百二十徼水"之说。至三限口由守限者每日探量，将量得的徼数

上报所司，据以分配水量。用水时先由斗吏上报灌溉田亩，按渠司发给的"水限申贴"所规定的徼数和放水时刻，开斗放水，自下而上依次浇灌，昼夜不停，并有渠司派人跟踪水头，督促用水，浇完闭斗，交付上斗。还规定一徼水一昼夜溉田80亩，如有违犯或超限超时用水者，予以断水或处罚。"自十月一日放水，至六月遇涨水歇渠，七月住罢。"并规定了不同作物的用水季节，即"十月一日放水浇夏田，三月浇麻白地及秋白地，四月止浇一色麻苗一遍，五月改浇秋苗"。

宋代丰利渠渠首筑有石堰（即石囷），并保持着每年八月兴工，九月工毕的渠堰维修制度，而且规定于七月前，组织用水户就地进行渠道整修和清淤，以保证行水畅通，并由巡监官、斗门长督催用水户预先修理渠口、砌垒斗口，保证无损坏透漏费水。渠首石堰派驻30名水军看管，三限口等分水处由五县各派监户一名，与都监一同看守。还规定上游石渠、土渠两岸各留空地一丈四尺，不得设置障碍影响巡水道路；三限闸以下各干支渠渠岸两边各留空地八尺，斗渠渠岸两边各留空地五尺。每年初春在渠岸栽种榆柳，以坚固堤岸，各斗用水户要就地广栽榆柳。说明宋代不仅重视修渠，也重视巡渠道路的建设和整修，以及渠岸的绿化。对渠岸修筑不牢固、堵渠开口偷水、砍伐护岸树木者，均予处罚。还实行"计田出夫、验工给水"的制度，规定每出夫一名，可浇夏田一顷三十亩，秋田四十亩，共一顷七十亩，即按受益面积负担渠堰维修用工。

宋代的管水机构，中央有工部所属的水部及都水监和外置都水使者（或称外都水丞）之设置（后都水监归属工部）。三白渠则专设提举之职，"提举三白渠公事，掌潴泄三白渠，以给关中灌溉之利"①。

金朝时设有"规措京兆府耀州三白渠公事"，规措官为正七品，掌灌溉民田；点检渠堰官一员，掌点检启闭泾阳等县渠堰②。

丰利渠首，是现今历代引泾渠首保留最好的一个，位于泾阳县王桥镇岳家坡村泾河沿岸。

图4-3　宋代丰利渠水则

图4-4　宋代丰利渠闸槽

渠首是在泾河峡谷里一个很局促的地方，从左岸山体上凿出很深的渠槽，一边紧贴着现在的泾惠渠渠道，一边紧邻泾河。泾惠渠三号洞以上渠道与泾河之间，距泾惠渠进水闸测量基点1056米至1153米处，保留有近百米的一段古石渠（渠宽3.5～3.9米，深4.6米），估计是南北二渠汇合后的主渠道。上游进口处左岸石

① 《宋史·职官志》。
② 《金史·百官志》。

壁上刻有水尺，水尺刻度每格在 30 ~ 32 厘米之间，宽 30 厘米，分成两段，水尺下半部在闸槽前，共有五格，其中一格上刻有"已上口谷"字样；下半部在闸槽后，共有四格，前后两段刻度基本衔接；石渠两岸上下口有闸槽各一，这应该就是文献所记载的"静浪""平流"二闸，相距七至八米。上游右侧闸槽底部有类似门槛的石墩一座，石渠进口向上延伸百米，岸边岩石有整齐的开挖遗迹，并有多处石窝（直径 10 多厘米）和牛鼻形石孔。现存石渠下游一段渠岸已被冲毁，并以弯道与现泾惠渠总干石渠相接，在弯道末端距基点 1210 米处渠岸有凿石渠口，并在左岸前下方，发现有"此至古迹石底通一丈"石刻一方，其下刻有一横线。文献记载有"回澜""澄波"二洞，但这二洞在两条引水渠上，二渠不复存在，二洞自然难觅踪迹。

闸槽共有两组，相距七至八米。由此判断，丰利渠使用叠梁闸门控制渠道的水位。

第五章　元代王御史渠

　　宋、辽、金、元的连年战乱使生产力遭到严重破坏，农民流离失所，土地荒芜，水利失修，渠堰阻塞，不可能兴建大型水利工程，原有的水利工程也难以得到大规模的维修，只能是小修小补而已。金代傅慎微曾任京兆府同知、权陕西诸路转运使，他曾"复修三白、龙首等渠以溉田，募民屯种，贷牛及种子以济之，民赖其利"[1]。元初对宋代的丰利渠也做过几次小的维修。元太宗十二年（公元 1240 年）曾有梁泰修建渠堰，至元年间（公元 1264—1294 年）"立屯田府督治之"，"大德八年（公元 1304 年），又由屯田府总管夹谷伯彦帖木儿及泾阳尹王琚督导之"，但均无大效[2]。事实上宋代的丰利渠一直延续使用到元代中期。

---

　　[1]　《金史》卷 128。

　　[2]　《元史·河渠志》载：京兆旧有三白渠，自元伐金以来，渠堰缺坏，土地荒芜。陕西之人虽欲种莳，不获水利，赋税不足，军兴乏用。太宗十二年，梁泰奏：请差拨人户牛具一切种莳等物，修成渠堰，比之旱地，其收数倍，所得粮米，可以供军。太宗准奏，就令梁泰佩元降金牌，充宣差规措三白渠使，郭时中副之，直隶朝廷，置司于云阳县。又载："元至元间（公元 1264—1294 年），立屯田府督治之。大德八年（公元 1304 年），泾水暴涨，毁堰塞渠，陕西行省命屯田府总管夹谷伯彦帖木儿及泾阳尹王琚督导之。起泾阳、高陵、三原、栎阳用水人户及渭南、栎阳、泾阳三屯所人夫，共三千余人兴作，水通流如旧。其制编荆为囤，贮之以石，复填以草以土为堰，岁时葺理，未尝废止。"

第一节　王御史渠的修建

宋代丰利渠运行 200 多年后，直至元代中叶武宗（海山）时才对丰利渠进行改建，建成王御史渠。至大元年（公元 1308 年）陕西行台御史王承德（王琚）[1]建言更新改造丰利渠，才兴建了王御史渠。该渠的兴建仍限于引水渠口上移，将石渠向上延伸，渠道工程仍沿袭郑白渠故道，管理工作亦多依旧制。根据《元史·河渠志》记载："近至大三年（公元 1310 年），陕西行台御史王承德言，泾阳洪口展修石渠，为万世之利。由是会集奉元路三原、泾阳、临潼、高陵诸县，洎泾阳、渭南、栎阳诸屯官及耆老议，如准所言，展修石渠八十五步，计四百二十五尺，深二丈，广一丈五尺。计用石十二万七千五百尺，人日采石积方一尺，工价二两五钱，石工二百，丁夫三百，金火匠二，用火焚水淬，日可凿石五百尺，二百五十五日工毕。官给其粮食用具，丁夫就役使水之家，雇匠佣值使水户均出。陕西省议，计所用钱粮，不及二年之费，可

图 5-1　元代王御史渠渠首遗迹

---

[1] 有一些文献或文章（如《泾渠志稿》）将王琚、王承德误认为是两个人，事实上是同一个人。王琚有一个"承德郎"的加衔，因此时人往往尊称为"王承德"。

谓一劳永逸，准所言便。都省准委屯田府达鲁花赤只里赤督工，自延祐元年二月十日发夫匠入役，至六月十九日委官言，石性坚厚，凿仅一丈，水泉涌出，近前续展一十七步，石积二万五千五百尺，添夫匠百人，日凿六百尺，二百四十二日可毕。"

王御史渠首为低坝引水方式，渠口位置正处于泾河弯道的顶点，非常科学。直到现代，泾河每遇大水，水仍可到达王御史渠渠口位置，可见这是一个非常理想的引水口。渠口工程遗迹犹存，在现标为丰利渠口之上 100 多米处（距今泾惠渠渠首基点 945 米）的石槽便是王御史渠的渠口，石渠口为喇叭形，渠宽由 7.3 米收缩为 4 米，其轴线与现行渠道呈 30°夹角，上游左侧为岸边岩面，凿为光滑曲面，距口门 6 米处有闸槽一道，在闸槽一边刻有计量的水尺，刻度间距 30 ~ 32 厘米。当年发挥了停水关闸作用和防止"浊水淤淀渠道"的作用。该渠在泾河引水并没有修筑石堰，而是采用了石囷形制。根据元代宋秉亮《泾渠条件》记载："王御史乃于（泾河）上流窄处疏凿此渠，止用囷一百一十个，宜省费而水通也。"

王御史渠自延祐元年（公元 1314 年）动工兴建，至五年（公元 1318 年）建成。据《元史·河渠志》记载，王御史渠"凡溉农田四万五千余顷"，这个数字显然有误。从渠首新开石渠断面尺寸及渠系均仍循旧制的情况看，其灌溉面积不会大于唐、宋时期。《长安志图》载："旧日渠下可浇五县地九千余顷，即今五县地土亦以开遍，大约不下七八千顷。"

第二节　元代三白渠灌区的管理

王御史渠建成前后，正值元代中叶，注重农业生产的发展，对三白渠的管理较为重视。早在太宗十二年即设三白渠使及副使，直属朝廷，置司云阳县；至元初年间，因渠堰缺坏，土地荒废，设河渠营田使司，安置屯田，二十八年改为屯田府总管，在三白渠灌区之泾阳、临潼等县有屯田 5600 多顷。此后泰定年间（公元 1324—1328 年）、天历二年（公元 1329 年）及至正三年到十二年（公元 1343—1352 年），也曾多次进行过维修。例如王御史渠建成十余年后，泾河围堰被冲毁。根据《元史·河渠志》载："文宗天历二年三月，屯田总管兼管河渠司事郭嘉议言：去岁六月三日骤雨，泾水泛涨，元修洪堰及小龙口尽圮，水归泾，白渠内水浅。为此计用十四万九千五百十一工，役丁夫一千六百，度九十三日毕。于使水户内差拨，每夫就持麻一斤，铁一斤，系囤取泥索各一，长四十尺，草苫一，长七尺，厚二寸。""自八月一日修堰，至十月放水溉田，以年为例。"形成岁修秋灌制度。除岁修外，并加强经常性管理维护，"令各县差富实人夫二名，五县计一十名看堰，若有微损，即使修补"。还规定了修堰用料用工标准。在渠系维修上更加重视渠道清淤工作，干渠挖方段两岸每年掏出的泥沙堆积如山，致使泥沙堆积岸边，遇有雨淋，复入渠中，渠道日浅，每年增加人夫，多有溺水者，劳民伤财，为此，宋秉亮提出"于农务未忙，天暖人闲之时差遣五县人夫，开通鹿巷，以便出土"，并于次年（至正四年）由屯田府同知牙八胡和泾阳尹李克忠发丁夫开发鹿巷八十四处。这是一次规模较大的渠道整修清淤工程[①]。鹿巷实际就是在两岸堆积的泥沙山中开出一些运输通道，先把当年清淤的泥沙运走，以后再陆续运走旧有的堆积物。由于运输通道穿插于两岸堆积的泥沙山中，其形状类似鹿角枝分，因此称为"鹿巷"。

王御史渠在渠系分水、配水及用水管理方面均沿用旧制，只是在"计田出夫，验工给水"上，因元代地广人稀，改为"每夫一名令浇二顷六十亩"。对违犯水法者最初规定，多浇一亩地罚小麦一石；随后又对出夫与不出夫加以区别，即不出夫之家多浇一亩罚一石，而出夫之家罚五斗，后来又再分别减半罚之。

据《长安图志》载：至元十一年（公元 1274 年）九月初二日，大司农司札付呈准中书省制定水法条款，有《洪堰制度》及《用水则例》，成文年代在王御史渠修建之前，制度和条例基本上总结了唐、宋时期三白渠的管理办法，制度和则例刊载于《长安志图》时，有编者加注内容，也反映了王御史渠建成后运用的情况，成为元代直至后来渠系管理的准则。

第三节 《泾渠图说》解析

《泾渠图说》是元代李好文编撰的《长安志图》的一部分，是关于郑国渠的第一部水利专著。李好文（约公元 1290—1360 年）字惟中，别号河滨渔者，大名路东明人。至治元年（公元 1321 年）进士，历官国子祭酒、陕西行台治书侍御史、礼部尚书，参与纂修辽、金、宋三史。后官至翰林学士承旨、光禄大夫、河南行省平章政事，

---

① 宋秉亮《泾渠条陈》。

《元史》有传。

《长安志》是现存最早的古都志，宋熙宁九年（公元 1076 年）宋敏求撰，着重记述了唐代旧都并上至汉以来长安及其附属县的情况。鉴于唐代韦述编撰《两京新记》只叙长安古迹，宋敏求决定另创体例。他搜集了与长安有关的历史实录、传记、家谱、古志、古图、碑刻、笔记等，整理编撰成书。全书 20 卷，记述了长安的坊市、街道、宫室、官邸、所属州府县的政治，官员的职务，地方上的河渠、关塞、风俗、物产等，记载比《两京新记》详过 10 倍。《长安志图》则是一部历史地图集，原名《长安图记》，后人以之与宋敏求的《长安志》合刊，改名为《长安志图》。《长安志图》的初稿成于元至正二年（公元 1342 年），至正四年（公元 1344 年）李好文再度出任陕西行台治书侍御史时对原稿又做了补充，并补充了附图 3 卷，包括城市图、官坊图、古迹图和农田水利图等多幅。整部书稿最终成于至正四年。《长安志图》现在通行的版本是乾隆五十二年（公元 1787 年）经训堂刊本。

《长安志图》共三卷。上卷为汉唐城市官坊等图，以宋代吕大防所跋之《长安城图》为蓝本，订正其疏讹。中卷为古迹陵墓，以宋代游师雄图为蓝本。此书对研究长安的历史地理有较大参考价值，《长安图志》是对《长安志》的重要补充。其中下卷为《泾渠图说》，是现存的第一部引泾灌溉专史。三卷中以下卷《泾渠图说》所记内容最为丰富，也最具史料价值，故下卷又单独成篇。

《泾渠图说》首有缺页，首载至正二年必申达而写的序言。必申达而是西夏人，当时任陕西监察御史。《泾渠图说》的具体内容有《泾渠总图》和《富平县境石川溉田图》两幅图，并有泾渠图说、渠堰因革、洪堰制度、用水则例、设立屯田、建言利病和总论等内容，是李好文任职西台时"刻泾水为图，集古今渠堰兴坏废置始末，与其法禁条例、田赋名数、民庶利病，合为一书"而成，为研究元代陕西行省的农田水利建设提供了非常宝贵的资料，《元史·河渠志》就引用了《长安志图》中的资料。

《长安志图》有较高的学术价值，主要体现在志中保留了不少十分珍贵的原始资料。如关于宋代丰利渠，《宋史》中并无"丰利渠"的专门记载，相关记载中涉及丰利渠的开凿情况也非常简略，宋代其他史料中关于丰利渠的记载也寥寥无几，但保存在《长安志图》中的北宋资政殿学士侯蒙所撰写的碑文，不但记载了丰利渠开凿的背景、前后经过，而且还详细记载了所开丰利渠的大小、开渠支出的劳工、渠成后的灌溉面积、开渠费用的支出等。此外，《长安志图》所载关于元代泾渠水利建设的资料更为丰富，详细记载了元代陕西屯田总管府的官员设置、所属屯所、所立屯数、参与屯田的户数、屯垦的土地面积、农具及收获粮食数量情况，所记陕西屯田总管府下辖终南、渭南、泾阳、栎阳、平凉五所司属，共立屯数 48 处，并于每所之后录有具体屯名；所记泾渠各处用来均水的斗门共有 135 个，并一一注明各斗的具体名称；《用水则例》实为元代泾渠渠系用水管理的具体规章制度，在我国古代水利建设史上占有比较重要的地位，对研究元代乃至中国古代水利管理制度均有重要的学术意义；《建言利病》部分则收录了宋秉亮和云阳人杨景道向朝廷所上建言，保留了时人关于泾渠水利建设的不同观点和解决泾渠水利建设过程中出现的种种弊端的办法，等等。《长安志图》所保留的上述记载，不但是现存宋元方志中，而且也是现存宋元史料中关于陕西地区农田水利建设的最为详细和丰富的资料，这在中国方志史和宋元史研究中都占有一定的地

位，具有重要的学术价值。

　　《长安志图》的学术价值还体现在，其中关于一些术语的解释具有训诂学价值，对于训诂学研究亦具有学术意义。如关于"激"的解释。《元史》卷六五《河渠志·洪口渠》载："洪口自秦至宋一百二十激，经由三限，……"由于上下文记载简略，又无相关说明，所以此处"激"字不好理解。"激"古代可以通作"徼"。《长安志图》卷下载："凡水广尺深尺为一徼，以百二十徼为准，守者以度量水，日具尺寸申报，所司凭以布水，各有差等。""徼音'叫'，古有徼道，谓巡禁道也，水家取以为量水准则之名。今农者耕地，一方谓之一徼，义与此同。其法：量初入渠水头，深、广方一尺谓之一徼。假令渠道上广一丈四尺，下广一丈，上下相折则为一丈二尺，水深一丈计积一百二十尺，为水一百二十徼，是水之至限也。"可见，《元史·河渠志》中的"激"和《长安志图》中的"徼"，都是计量单位，指一平方尺的过水断面。如果与时间相联系，即为流量，"一百二十激"是指洪口渠的最大水流量。由此可见，《长安志图》对研究宋元陕西水利建设及屯田等均有十分重要的史料价值。

第六章　明代的引泾灌区

　　明初重视农田水利建设。朱元璋"诏所在有司，民以水利条上者，即陈奏。越二十七年，特谕工部，陂塘湖堰可蓄泄以备旱潦者，皆因其地势修治之。乃分遣国子生及人材，遍诣天下，督修水利。明年冬，郡邑交奏，凡开塘堰四万九百八十七处，其恤民者至矣"[①]。

　　然而关中地区远离政治中心，其在社会政治、经济生活中的地位已经大不如前代。在这种政治背景下，关中不可能进行大型水利建设，只能对元代王御史渠进行小修小补而已。明洪武年间（公元 1368—1398 年）曾派耿炳文等多次整修洪堰和疏浚渠道。刘季篪也曾在引泾灌区"为治堰蓄泄，遂为永利"[②]。明成祖（朱棣）永乐三年（公元 1405 年），明宣宗（朱瞻基）宣德二年（公元 1427 年），明英宗（朱祁镇）天顺年间（公元 1457—1464 年）也对渠堰做过小的维修。

第一节　广惠渠的修建

　　对于引泾灌溉，明前期主要是对元代王御史渠（自建成至明

---

①　《明史·河渠志》。
②　《明史》卷 150。

初仅 50 余年）及原三白渠系进行整修。

洪武二年（公元 1369 年），耿炳文随大将军徐达征讨陕西，打败李思齐、张思道，镇守此地，耿炳文被任命为秦王左相都督金事。洪武八年（公元 1375 年），命耿炳文"浚泾阳洪渠堰，溉泾阳、三原、醴泉、高陵、临潼田二百余里"。疏通泾阳洪渠十万余丈，给老百姓带来了很多好处。洪武二十三年（公元 1390 年），"洪渠堰圮，复命耿炳文修治之，且浚渠十万三千余丈"[①]。

又据《明史·刘季篪传》载："洪武中进士。……擢陕西参政。……洪渠水溢，为置堰蓄泄，遂为永利。"[②]

永乐三年（公元 1405 年），"奉工部勘合，差千户董暹于附近卫，分拨军民，相参修理泾渠，共民夫一万四千四百名，军士一万五千名"[③]。

宣德二年（公元 1427 年），浙江归安知县华嵩言："泾阳洪渠堰溉五县田八千四百余顷。洪武时，长兴侯耿炳文前后修浚，未久堰坏。永乐间，老人徐龄言于朝，遣官修筑，会营造不果。乞专命大臣起军夫协治。从之。"天顺五年（公元 1461 年），金事李观言："泾水出泾阳仲山谷，道高陵，至栎阳入渭，袤二百里，汉开渠溉田，宋、元俱设官主之。今虽有瓠口郑、白二渠，而堤堰摧决，沟洫壅潴，民弗蒙利。乃命有司浚之。"

成化元年（公元 1465 年）才由项忠开始大规模整修王御史渠。

项忠（公元 1421—1502 年），字荩臣。嘉兴（今浙江省嘉兴市）人。正统七年（公元 1442 年）进士，授刑部主事，晋升员外郎。

① 《明史·河渠志》。
② 《明史》卷 150。
③ 《西安府志》。

天顺元年（公元 1457 年），由广州副使调任陕西按察使，后升任陕西巡抚。陕西地处黄土高原，水土流失严重，旱灾频生，百姓常闹饥荒。项忠到任后，体恤民情，开仓放粮，救济饥民。他一面请求朝廷减免赋税，一面大力恢复生产，发展经济，深受陕西人民的拥护。

天顺七年（公元 1463 年），朝廷召项忠进京，授任大理寺卿。不久改授项忠为右副都御史，继续巡抚陕西。项忠到任不久，即镇压了甘肃省临洮、岷县一带羌族人的叛乱。羌人多因饥寒所迫，常以劫掠谋生，这引起了项忠的深思。他很快把注意力集中到饥民与民情方面，深入巡视各地，体察百姓疾苦。当时西安城中水源咸卤，不可饮用，天顺八年（公元 1464 年），项忠奏言："泾阳之瓠口郑、白二渠，引泾水溉田数万顷，至元犹溉八千顷。其后，渠日浅，利因以废。宣德初，遣官修凿，亩收四三石。无何复塞，渠旁之田，遇旱为赤地。泾阳、醴泉、三原、高陵皆患苦之。昨请于泾水上源龙潭左侧疏浚，讫旧渠口，寻以诏例停止。今宜毕其役。"成化元年（公元 1465 年），他又上奏朝廷，要求疏通旧渠，解决西安人民用水。他首先整修龙首渠，并疏通浐河，引水入城，接着疏通永济渠。这些古渠道经疏通后，在长安城中相互贯通，构成水运交通网，不仅解决了城中居民用水，也方便了运输。

项忠深知水利的重要性，水利和政治的关系。他在《新开广惠渠记》一文中强调："民以食为天，水者食之源也。然所以为利，亦所以为害，在善导之而已。"当他在解决了西安居民用水之后，继而又考虑维修引泾灌区。

成化元年，项忠奉朝廷指令，"自旧渠上并石山开凿一里余，

就谷口上流引泾入渠"，先后参与施工的有杨瑞璿、娄良、张用瀚、余子俊、郭纪、李奎等人。至成化四年（公元1468年）渠尚未开通，施工中项忠调任离陕，却"亟以成功记于石，名其渠曰广惠"。成化四年项忠奉命西征路过陕西，命陕西官员继续督工完成。

成化十二年（公元1476年）陕西巡抚右都御史余子俊①继续施工，兴修一年多，又未完工。到成化十七年（公元1481年），由副都御史阮勤继续兴工修建，直到成化十八年（公元1482年）工程才全部完工，广惠渠先后经项忠、余子俊和阮勤三任官吏主持施工，工期达十八年之久。"渠成，远近之民，欢呼扶携，争先快睹，以为前所未见。"②

广惠渠渠口比王御史渠口上移二里，通过凿山开洞的方法修渠引水，"穿山为腹，凿石渠一里三分，欲上收众泉，下通故道"，开创了引泾灌溉工程中凿洞引水的先河。按当时的施工记载，这项工程先后凿穿大、小龙山，而"山中石顽如铁，日用炭炙醋淬"，民夫口衔灯火，身披蓑衣开凿，并在大龙山开凿五处竖井，以透光通风，且不时有泉水涌出，工程十分艰巨。隧洞之前开引水渠口直入泾河，于峡谷处分泾水入渠。广惠渠之所以穿山凿洞，深入泾河峡谷引水，是为了免除年年修堰之劳，仍为无坝引水，后来，为了防止砂石塞渠，曾在渠首设闸。项忠《广惠渠记》中记载："今渠堰尽修矣，出土开通矣，但板闸之防，不可不加意焉，……今二司诸公，又将各闸移修，以时启闭，则浊泥不得入渠，疏导

---

① 余子俊曾任西安知府，凿渠引浐河入城，解决城内水泉咸苦问题。又在城西北开渠排水，该渠被称为"余公渠"。

② 彭华《重修广惠渠记》。

之功可以减半。"易谟《新凿通济渠记》也有描述："又于龙山上创闸，水涨则闭，水平则启，使守者能因所定规而岁守之焉！"

图6-1　广惠渠石渠遗迹

　　现在泾惠渠渠首大坝之下还存有广惠渠石渠遗迹一段，自泾惠渠进水闸测量基点94米处起，沿河床南行120米，进入小龙山隧洞，石渠宽2.5米，深2～5米不等，洞长101米（即今泾惠渠一号隧洞南段），出洞后流经明渠约280米，再穿大龙山隧洞，洞长316米，下接明渠180米，转向西南，接王御史渠故道，全长约800米。现于泾惠渠首大坝下石渠遗迹旁山岩上，立有石碑标记。

　　为了解决泾河河床不断下切，难以引水的矛盾，广惠渠的渠首比王御史渠的渠口上移990米，其中隧洞长417米，其余为明渠。在五百多年前技术手段和建筑材料落后的情况下，完成这样艰巨的工程，绝非易事，劳动人民千辛万苦，付出了巨

大的代价，不少石匠死于风霜劳役之苦，至今还留存有"石匠坟"遗迹。

明代广惠渠的建成，使得郑国渠再次获得新生。

图 6-2　明代广惠渠引水口遗址

广惠渠的灌溉面积，前后相差悬殊。彭华《重修广惠渠记》载："又下至古三限闸，若中限、南限、北限者，中限至彭城闸，又分四渠，溉五县田八千余顷。"这是按可灌面积的范围和全年可能灌溉的面积计算得来，比实际灌溉面积偏大。由于工程设施和管理方面的问题，灌溉面积日渐减少，变化很大，一百多年后，到了万历二十八年（公元1600年）灌溉面积已大为减少，至天启四年（公元1624年），据西安知府邹嘉生所立"抚院明文"碑记载："四县共受水地七百五十五顷五十亩，其中泾阳县六百三十七顷五十亩，醴泉县三十一顷，三原县四十六顷五十亩，高陵县四十顷五十亩。"

第二节　通济渠

通济渠为引泾傍山石渠之裁弯取直工程，并非另开渠口，主持修建的是陕西巡抚萧翀。正德十二年（公元 1517 年），刘玑《泾阳县通济渠记》碑记载："广惠渠则成化初都宪项公忠所修，傍山凿石，穿大、小龙山，下接新渠。其地石坚难凿，乃缘河甃石为堤，以接上流，遇夏秋水溢，石每崩塌，数修数废，今五十年矣。萧公翀巡抚兹土，乃议凿山为直渠，上接新渠，直溯广惠，下入丰利，广一丈二尺，袤四十二丈，深二丈四尺。工始于正德丙子（公元 1516 年）夏四月丁巳，迄于明年五月甲辰，厥名通济。"

在宋代丰利渠所遗留的一段石渠遗迹中，上自王御史渠下口起，下至古石渠，有一段弯道，接现在泾惠渠总干石渠处，呈弓形渠段，这应该就是萧翀所修的通济渠，也就是这段渠道的裁弯取直工程，长约 130 米，与碑文记载 42 丈基本相符。渠旁现有"明通济渠"石碑标记。

图 6-3　明通济渠石渠遗迹

第三节 管理制度

广惠渠的引水渠口伸入泾河峡谷，受泾河洪水影响，常有砂石淤塞，所以维修养护任务繁重。根据明、清两代碑文记载，正德十二年（公元 1517 年）、嘉靖十二年（公元 1533 年）都进行过维修。到万历二十八年（公元 1600 年）泾阳县丞王国政督工，整修隧洞，清淤砂石，增筑石堤，疏通渠道五里多。万历三十三年（公元 1605 年）有顾汉穿制龙洞闸，沈子章疏渠设水夫的记载。

广惠渠的引水渠道断面小，引水有限，用水珍贵，形成了严格的用水制度。渠道的管护有官渠和民渠之分：由渠首干渠引水至王屋一斗为官渠，由四县衙门管理，水工由原来的七名增至三十名，遇有冲崩淤塞，及时修浚，保证渠水畅通，所需费用由官府拨款。王屋一斗以下的渠道为民渠，分别由各县按辖区分管，由民间养护管理。用水管理十分严密，现存天启二年（公元 1622 年）所立石碑记云："兵巡关内道沈示，仰渠旁居民及水手知悉，如有牛羊作践渠岸，致土落渠内者，牛一头、羊十只以下，各水手径自拴留宰杀勿论，原主姑免究；牛二头、羊十只以上，一面交牛羊圈拴水利司，一面报官锁拿原主，枷号重责，牛羊尽数辩（变）价，一半赏水手，一半留为修渠之用，特示。高陵县知县兼泾阳县事奉文行取赵天赐。"对水手的报酬和按地亩征收标准也有明文规定，即"每名水手给种无粮官渠岸地，抵工食银二两五钱，另给银三两五钱，共该工食银一百五两。"在四县受水地内均摊，计每顷地派银一钱三分八厘九毫八丝。这是最早的按亩收费办法，可见广惠渠管理之规范。

但是，随着广惠渠的老化，原来带给当地百姓的灌溉利益逐渐减少，而维修管理的负担却越来越重，以致明末清初，已经怨声载道。"泾阳旧志曰：五县民八月治堰，九月毕工。截石伐木，掘泥挽土，入水置囷，下临不测。十月引水以达，来岁入秋始罢。已复作役，寒暑昼夜，不得少休。加以官府程督，条约禁限，琐屑尤甚。近年水脉艰涩，沾润益寡，民或上诉，愿弛其利，以免劬瘁。有司以故事恒规，不敢辄许。后志曰：自谷口入山，峭壁高岩，阴阴惨栗，绝少人居，宿顿无所。每夫分领一工，身入洞底，掇石爬泥。常须两三人在上，为之引縆转送。数人而食一工之食，岂能宿饱？五县相去或数十里，或百余里，往返奔命，劳怨可知。嗟乎！穿渠本以利民也。而民之劳费至于如此，非以爱之，实以害之。朝廷本意亦岂如此乎？"[1] 到了清代，广惠渠的改造已经刻不容缓了。

---

[1] 王太岳《泾渠志论》。

第七章　清代的引泾灌区龙洞渠

清代的粮食和财赋主要依靠江南，漕运是重要的经济措施。陕西作为内陆缺水省份，没有得到中央政府的重视。在这种政治、经济背景下，关中没有复兴大型水利工程，延续了两千余年的郑国渠，结束了引泾灌溉的历史，拒泾引泉，改称为龙洞渠，灌地七万多亩，后期下降到二万亩，成为郑国渠延续的衰败期。

清代前期曾多次对明代所建的广惠渠进行维修。顺治九年（公元 1652 年）泾阳县令金汉鼎重修广惠渠时，因渠高水低，用石堰遏之，往往被冲毁，后"凿石渠深入数丈，泉源瀵涌而出"，其利倍于泾水，开始了引泾水与泉水并用的时期。康熙八年（公元 1669 年）泾阳县令王际有曾经重修，但不久就淤塞了。雍正五年（公元 1727 年）川陕总督岳钟琪"增高水堤四百三十五丈余，石堤一百三十七丈余，土堤一千八百丈，费帑五千三百六十余两，泾阳、醴泉、三原、高陵、临潼五县皆饶灌溉。"雍正七年（公元 1729 年），总督查朗阿又修渠筑堤，并"以渠工需员专理，题请西安管粮通判改董水利，驻扎王桥镇，俾得随时修葺，无废厥工"。

第一节　龙洞渠

乾隆初年，翰林侍读学士世臣建议："广惠渠地既迫狭，不能受洪流，土石填淤，洞口充塞，渠益不利"，"不如修龙洞渠"。经陕西巡抚商议，决定置坝龙洞北口，遏泾水勿令淤渠，并于水磨桥、大王桥、庙前沟等地整修堤岸，于乾隆二年（公元 1737 年）十一月至四年（公元 1739 年）十月施工，共用人工 60126 个，完成石方 18260 方，连同其他建筑材料，共用银 5363 两，修渠 2268 丈，灌溉醴泉、泾阳、三原、高陵四县民田 74032 亩。从此，开始了"拒泾引泉"的历史，改称"龙洞渠"。

龙洞渠不以泾河为水源，而是利用泉水为源。龙洞渠在泾阳西北六十里，凿仲山龙洞，引龙洞泉，东会筛珠洞泉，又东会琼珠洞泉，又东过水磨桥，东会倒流泉，水磨桥之东有大小梯子崖，崖下有中渠井，又东至大王桥会倒流泉水，又东会碧玉、喷玉、鸣玉、调琴等五泉，过倚虹桥，又东为退水槽，又东为涵碧池，又东为野狐桥，又东至赵家桥，又东南为樊坑渠，过马道桥渠，至此始出山，就平陆开渠灌田。

图 7-1　筛珠洞泉

筛珠洞泉位于泾阳县王桥镇张家山村西，北仲山南麓，泾河岸边，清泉喷涌而出，状如筛底，晶莹剔透，惠泽周边，故名曰筛珠洞泉。泉水中含多种微量元素，自古以来为附近民众汲水之处。

龙洞渠的渠系布设，以原广惠渠的渠系为基础，由龙山洞至马道桥为渠首段，马道桥以下至三限闸，为其干渠。干渠又分上下两段：上段称为上渠，共开斗渠 18 条，主要为王屋 1～4 斗、张房 1～3 斗、双槐 1～2 斗、店西斗、威胜斗、何氏斗等。上段共计受水面积为 305 顷，其中醴泉县 34 顷，泾阳县 271 顷。下段称为上限，共开斗渠 10 条，主要为七劫斗、石劫斗、智光斗、圣女斗、附马斗、铁眼成村斗等。下段共计受水面积 131 顷 91 亩 9 分 8 厘 3 毫，全部属泾阳县。

三限闸亦名三闸口，以下分为三支，称南、北、中三限。

北白渠（即唐代太白渠），即北限，又称上白渠，自三限闸分水东北流入三原县界入县城西关，经县城出东关向东。北白渠共开斗渠 9 条，主要为长渠斗、新开斗、南北王斗、平皋斗、曲渠斗、观相斗等。北白渠共计受水面积 126 顷 89 亩 9 分，其中泾阳县 97 顷 37 亩 9 分，三原县 29 顷 52 亩。

中白渠，即中限，又名下中渠，为龙洞渠主要支渠，下分若干分支。自三限闸以下至彭城闸，有斗渠 7 条，主要为西王斗、郭马斗、高阳斗、长流斗等。7 条斗渠共计受水面积 56 顷 34 亩 5 厘（泾阳县）。彭城闸以东进入高陵县界，以下分为四渠。

北渠仍称中白渠，流经高陵、临潼两县东南至雷家堡入渭河，共计开斗渠 22 条，全部在高陵县境，主要为小王斗、生王斗、湾李斗、西湾斗、马家斗、袁盛斗、武家斗等，共计受水面积 15 顷 20 亩。

南渠自彭城闸东南行 7 里至磨子桥又分为 3 支，一支正东行者为中南渠，自磨子桥以东，经高陵县城以北东行，至临潼县栎阳镇以南入渭河。中南渠在高陵县西北又分支为昌连渠，以上中南渠共开斗渠 18 条（中南渠 15 条，昌连渠 3 条），主要为洛南斗、庙王斗、文王斗、张山斗、三益斗、晋公斗、富众斗、崔家斗等，共计受水面积 12 顷 60 亩，全部位于高陵县境。

高望渠自磨子桥向东南行至临潼境内入渭河，共计斗渠 12 条，主要为福斗、康斗、孝斗、念斗、百斗、亿斗等，共计受水面积 8 顷 60 亩。

南渠自磨子桥西南流折东，南流入渭河，共开斗渠 5 条，主要为边流斗、永斗、隅南斗、许斗等，共计受水面积 3 顷 50 亩。

南白渠，即南限，又称下白渠，自三限闸东南流经汉堤庙南东南行，共开斗渠 5 条，为曹仵东、西斗、落桥斗、小长流斗、卢从斗，共计灌溉泾阳县民田 28 顷 34 亩 1 分。

龙洞渠引泉水量，清代史料尚无记载。其灌溉面积由多到少，初建时为 7.4 万亩，至道光二十二年（公元 1842 年），共有斗门 106 个，按各斗渠面积分布，全渠共计灌溉面积 6.7 万亩。清代末年，减至 2 万多亩，民国初年，灌溉面积有所恢复，约为 3 万多亩。

龙洞渠自乾隆初"拒泾引泉"灌溉后，引水流量减少，但水源稳定，免除了以前历代渠首筑堰清淤之劳。为了减少渗漏水量，保证一定的引水量，一直把加固渠堤，特别是渠首段沿山临河一侧渠岸石堤，作为工程维修的重点。此时的泾水不仅没有灌溉之利，而且常有"泾水涨溢，冲堤淤渠"之患。自乾隆、嘉庆、道光、同治至光绪、宣统年间，历任陕西巡抚和泾阳、高陵等县知县，或奏准动用国库银两、或摊派捐款，增筑渠堰、疏渠固堤，进行过维修。

　　乾隆十六年（公元 1758 年），泾水涨溢，冲堤淤渠，陕西巡抚陈宏谋认为"自筑石堤以后，泾河水涨，仍有冲堤塞渠之患，危险堪虞。本部院亲临查勘，现在渠身已非复郑白之旧，渠中一泓清水与泾河浑流，仅隔一线。浑水一入渠中，清浊不敌，立见淤塞。为今之计，泾水不能引灌，毋庸计议。石岸之易于冲陷，首宜严防。现在石岸仅堪容足，有如筑墙堵水，高亦难免水漫，不但浑水有时内冲，渠中清水，尚且外渗入河。危险之形，宛然在目。倘此一线石堤稍有疏失，源头阻塞，全渠即归无用。赵家桥之冲成深坑，亦将阻塞渠流。数千年之水利相传至今，四州县之民田久资灌溉。历年修筑，已费多金。前功尽弃，可惜可虑。查现在石岸外尚有湾曲坦坡，又系乱石。形非陡立，势非顶冲。就势加筑，便可坚固。渠中泉眼，加以疏浚，渠身浅处，加以挑挖，则渠水尚可比前旺盛，点滴皆为民利。事关经久水利，难任因循坐废。仰司官吏遴委熟练之员，会同西安府暨水利厅，逐节查勘，细加相度，将石岸单薄之处加帮宽厚，卑矮之处加高数层，渠水渗漏之处细加堵塞，泉眼所在，加以疏通。渠身污浅之处再加挑浚。帮筑之处，或用石条，或用碎石，或加土筑。挑浚之处，或用民力，或动岁修。赵家桥作何镶护，逐一估计。绘图贴说，确切定议通详，以凭核夺请修。此时估定请项，秋冬之间，正可兴修，庶免临汛危险。四州县民田，又得早资灌溉。均毋勿视。"奏准，土工用民力，石工发帑，通计用银六千余两。巡抚毕沅两次相度，自龙洞至王屋一斗，计开通二千三百九十四丈，水行一百三十里，邑人孟辑五出银五千两捐修。嘉庆十一年（公元 1806 年），泾涨渠淤，知县王恭修劝捐修治，十九年（公元 1814 年）秦梅又修之，二十一年（公元 1816 年）五月，泾水坏堰，用帑银一万五千八百八十六两。

道光元年（公元 1821 年），巡抚朱勋以泾涨冲塌石堤十六段，渠身淤淀，借帑银二万一千三百八两修浚，分五年在受水农田内摊还。道光三年（公元 1823 年）泾涨冲坏闸板，知县恒亮捐银四百两补修。道光二十年（公元 1830 年），胡元瑛任泾阳知县，次年泾水暴发，渠堰尽毁，胡元瑛向当地绅富劝捐银一万五千多两修复渠堰。同治四年（公元 1865 年），陕西巡抚刘典以堰经乱倾颓，筹捐兴修石渠，自羊圈至大退水槽，长五十七丈二尺零，土渠自大退水槽至王屋一斗，长一千八百丈，灌田照旧章。光绪十三年（公元 1887 年），布政使李用清捐廉七百两，以县丞温其镛监工，筑堰疏淤，工省利溥。光绪二十四年（公元 1898 年），巡抚魏光焘派队修筑石土各渠，计二千六百余丈，收鸣玉泉入渠，筑堤丈二尺，未几冲决如故。光绪二十六年（公元 1900 年）六月，暴雨坏堰，知县雷天裕修石土官渠，计一千九百六十五丈。光绪三十四年（公元 1908 年）六月，暴雨坏惠民桥石坡，知县杨宜翰修之，工料支银一千一百四十六两三钱。宣统二年（公元 1910 年）秋霖，泾涨，渠复淤塞，知县刘懋官筹修。

道光三年，陕西巡抚卢坤龙采纳陕安道台严如熤的建议，对全秦水利做了一次勘察，"于沣、泾、浐、渭诸川，郑白、龙首诸渠，规划俱备"。可惜对这次的勘察规划结果，未见后续记载。

同治八年（公元 1869 年），陕西巡抚刘典"又以其时浚郑白旧渠，关中渐喁喁望治也"。

光绪初年，涂官俊开浚龙洞渠，水量增三分之一。复于清冶河畔修复废渠二。水所不至者，又劝民凿井以济之。先后增井五百有余，无旱忧。

第二节 鄂山新渠和袁保恒新渠

清代还修有鄂山新渠和袁保恒新渠。

鄂山新渠，根据《泾阳县志》记载："道光二年鄜州知州鄂山，另开新渠。"实际上是一段改直为弯的渠道改线工程，位于丰利渠口下游百余米处，因石渠右岸坍塌，恢复困难，渠道就随弯就势，沿山势而行，穿过火烧岭，开挖了一条长十五丈（约26米）的隧洞（即今泾惠渠的三号洞），左岸石壁上方刻有"鄂山新渠"及"决渠为雨"字迹，至今犹存。

图7-2 鄂山新渠遗迹

袁保恒新渠，据《续修陕西通志》载："同治八年内阁学士袁保恒拟复广惠故渠，栽桩灌铁，砌石筑坝，经营逾年，迄无成效。"高士镐《泾渠志稿》云："清同治八年，大司农袁保恒，屯田泾上，拟复广惠，又开新渠；后复在王御史渠口，栽桩安置筒车，经营年余，迄无成效。"高士镐认为："袁保恒新渠，在惠民桥西北，暗穿地道，横断郑渠，斜穿高岗，东入白渠，泾河日低，渠口高仰，郑白不能引，袁公引之，所谓居今之世，反古之道，宜其无效也。"

第三节　管理机构和管理制度

龙洞渠的用水管理，一直沿用唐、宋以来长期形成的用水制度。由于改为引泉水灌溉，引水流量较为稳定，渠系水量分配及干支渠受水时刻都是固定的，每月轮水一次。全渠106条斗渠，斗门每月启闭时刻、灌溉面积、利夫（即负责浇地人员）名额都有明文规定。如王屋一斗：每月初一日寅时七刻受水，至本日巳时三刻止，灌泾阳地七顷五十亩，利夫七名半，醴泉地八顷，利夫八名。综合各斗分配开斗用水时刻，各干支渠用水按时间分配，依次轮灌。

民国初年，龙洞渠用水制度仍沿用清代管理旧制，民国十一年（公元1922年），龙洞渠管理局四县管理通章第二章规定，泾阳、醴泉两县按原水程办理，三原县水程每月初十日初刻，水至三限闸上，至十三日卯尽时止，高陵县水程每月初四日寅时初刻起，至初七日子时六刻止，各县水程有误时者由本县水利局报告管理局查处。各斗用水时刻，按清代旧制，每月轮水一次，固定开斗和关斗时间。全渠斗门数共计74个，其中泾阳县（醴泉县在内）44个，三原县5个，高陵县25个；用水制度，自下而上，由管理局制定水签，签上烙印戳记，每斗至开斗期由各斗斗夫或值月利夫执签为凭，点香计时监视。开斗时刻已足，即交签于上斗斗夫或利夫，上斗用完即交于再上斗，周而复始。各斗内地亩用水分配，由各斗斗夫自处，办法仍按旧规，对违反用水制度者，制定各种罚则，凡上斗占用下斗开斗时间、不修渠岸故意失水、由支渠直接开口、私行开渠不遵正渠、无签私开斗门、强霸水程或殴打管水人员，及用本斗之水浇外斗之土地者，皆处罚款，每亩为3、5、10元不等。

龙洞渠的管理机构，据《陕西通志》记载："雍正七年（公元1729年）川陕总督查朗阿以渠工需员专理，题请西安管粮通判改董水利，驻扎王桥镇，俾得随时修葺。"开始专设水利通判，主管龙洞渠水利，以后57年间，有姓名记载的水利通判共23人。乾隆五十一年（公元1786年）撤销水利通判，改设水利县丞或由灌区各县知县兼管，并由当地士绅组织管理局负责管理。据民国十一年（公元1922年）陕西省财政厅咨省水利分局文载："清代设水利县丞两员，分驻上下游，上游驻泾阳木梳湾，下游驻三原县城，专司其事，并由省年发岁修费500两，人存政举，其利甚溥，后因上游衙署倾圮，官因移驻泾阳城内，然犹经理渠事也！辛亥改革以后，裁去斯缺，法制遂湮。"

民国初年，龙洞渠管理体制仍沿清制，民国六年（公元1917年）11月27日，陕西省水利分局委任于天赐、姚秉圭为龙洞渠正副渠总，据民国十一年（公元1922年）龙洞渠管理局四县水利总章规定：龙洞渠设管理专局，设主任一人，经管全渠事务；三原、高陵两县各仍旧案，另设龙洞渠水利局，泾阳、醴泉两县龙洞渠水利局即附于龙洞渠管理局内。两县境内渠务即由管理局主任兼管；各县另举渠绅二人（醴泉县一人亦可），组成渠绅会议，与管理局主任协作，遵守定章，管好渠务；以下各渠之民渠管理制度，如泾阳之水老：值月利夫，三原之堵长，高陵之斗门夫等，仍按旧制。各种组织的职责为：

各县渠绅及渠绅会议的职权：监督水利规章执行，辅助管理局主任工作，对龙洞渠事务有建议权，推举龙洞渠管理局主任及查清管理局财政权。

管理局的职责：负责执行水利规章，调处用水纠纷，保护、修理上游官渠并指挥水夫植树，督促修理民渠，保存官产及资金。

各县水利局的职责：管理开、闭斗门，调查境内渠道壅塞破坏、违章用水、妨碍渠务等情况，并报管理局，劝导群众沿渠植树，并执行本县境内不妨碍他县利益的旧有规程。

龙洞渠管理局、各县水利局机构以下的群众性管水人员，有水老、利夫、斗门夫、堵长等名称，据清道光二十二年（公元1842年）《后泾渠志》记载：全渠共有利夫712名，斗门夫57名。民国期间的水老、斗夫、堵长等人数，目前未见具体文献记载。

第四节　城镇供水

古代引泾渠为城镇提供生活用水，起于何时，史载不详，据明代有关文献记载，唐代就开始了为县城供水。

清《重刻吕泾野先生文集》卷十八《泾阳县修城记》载："唐初时，渠道曾穿过泾阳城，供民饮用，以后渐废。到明代又穿城而过，泽及城内百姓，并在渠道与城墙交叉之处，做成石渠，在水门上安铁窗，以保护城墙。"

清《泾阳县志》载："唐时于白渠成村斗分水，三分长流入县，以资溉用，名曰水门，不知何时更定每月初一、初五、初十、十五入县，凡四次，不在溉田之数。"

清嘉庆二十四年（公元1819年）《龙洞渠铁眼斗用水告示碑》

载："该斗口系生铁铸眼，周围砌石，上覆千钧石闸，每月在铁眼内分受水程。大建初二日起，小建初三日起，十九日寅时四刻止。每月初五、初十、十五日三昼夜长流入县，过堂游泮，以资溉用，名曰官水。"

清《三原县志》李志载："县南北二城井水多碱苦，不可食用，百姓只得到二城中间的清河中去取水，艰难异常，形成挑水、畜驮、卖水的队伍，所谓'贫者藉食其间'，可见饮水之难。"

历史上三原县城生活供水，当地人称之为"白渠穿城"。白渠穿城的最早年代，可推至元代。据清《三原新志·地理》载："至元二十四年（公元 1287 年），徙三原县城于龙桥镇，今治也；城东、西、南三面有池，池深三丈，阔五丈，北临清河，深十余丈，白渠流经城中。白渠自泾阳来，穿城流往东南，以资灌溉。"

乾隆年间（公元 1736—1795 年），白渠在三原县城系一段明渠，宽丈余，深可"走马扬鞭"：城内设一水池，称为泮池，可蓄水以供居民饮用，水渠与白渠之间用暗沟相通。据清《三原县志》张志载："又以马道阴渠迷壅，必截东门闸口，经夜泮池始满。"每月初十日申刻，水始进城，至十三日卯时余家堵（斗）截水方止，共经过 62 小时，其中 12 小时为蓄水池蓄水时间，其余的 50 小时，称为"灌五堵田"所用时间。道光年间（公元 1821—1850 年），进士梁景先在《学圃记事》中写道："龙洞渠每月入城两天，不敷应用。"已不能满足需要。

高陵县城元代曾从城外北侧的昌连渠上开渠引水入城，供生活用水。明吕柟《高陵县志·泾渠考》载："厥后，高陵令王珪又在县通远门下，引昌连渠入城内，委其于莲池，至今有三分食用之称。"

第五节　泾渠文献

　　清代至民国初年是郑国渠历史资料汇集的时期，先后出现了《泾渠志》《后泾渠志》《泾渠志稿》三部志书。此外，郑国渠灌区范围内的泾阳、三原、高陵等县的县志也有专门的篇章记述引泾灌区的内容。

一、泾渠志

　　《泾渠志》，清直隶定兴人王太岳著，书前有乾隆三十二年（公元 1774 年）作者自序。作者将灌区从秦代以来的兴修记录，按时间顺序排列、考证；叙述引泾渠道经行及灌溉范围的历史变化，记载清代拒泾引泉的实质性改变等，亦属引泾灌区专史。其中的《泾渠图考》包括了古泾渠图、龙洞渠首图、龙洞渠全图、关中古渠全图等，具有很高的历史价值。

　　王太岳（公元 1722—1785 年），字基平，号芥子。直隶定兴人，乾隆七年（公元 1749 年）进士，改翰林院庶吉士，擅文名，历充会试同考官，补甘肃平庆道，调西安督粮道，皆有惠政，迁云南按察使，于铜政厥功伟，旋擢布政使，以审拟逃兵宽纵落职。乾隆四十二年（公元 1784 年），参与《四库全书》的编纂工作，数迁至国子监司业，卒于官。太岳性好朋友，与邵齐焘、郑虎文、顾汝修诸人尤善，以文章道义相切劘，其诗纯古淡泊，时称高格。初好为骈体文，及见齐焘所作，叹为天授，遂辍不为，而规《史》《汉》与韩、柳，气格高简，卓然名家。著有《清虚山房集》《芥子先生集》凡二十四卷，与《泾渠志》三卷、《清史列传》，均并行于世。

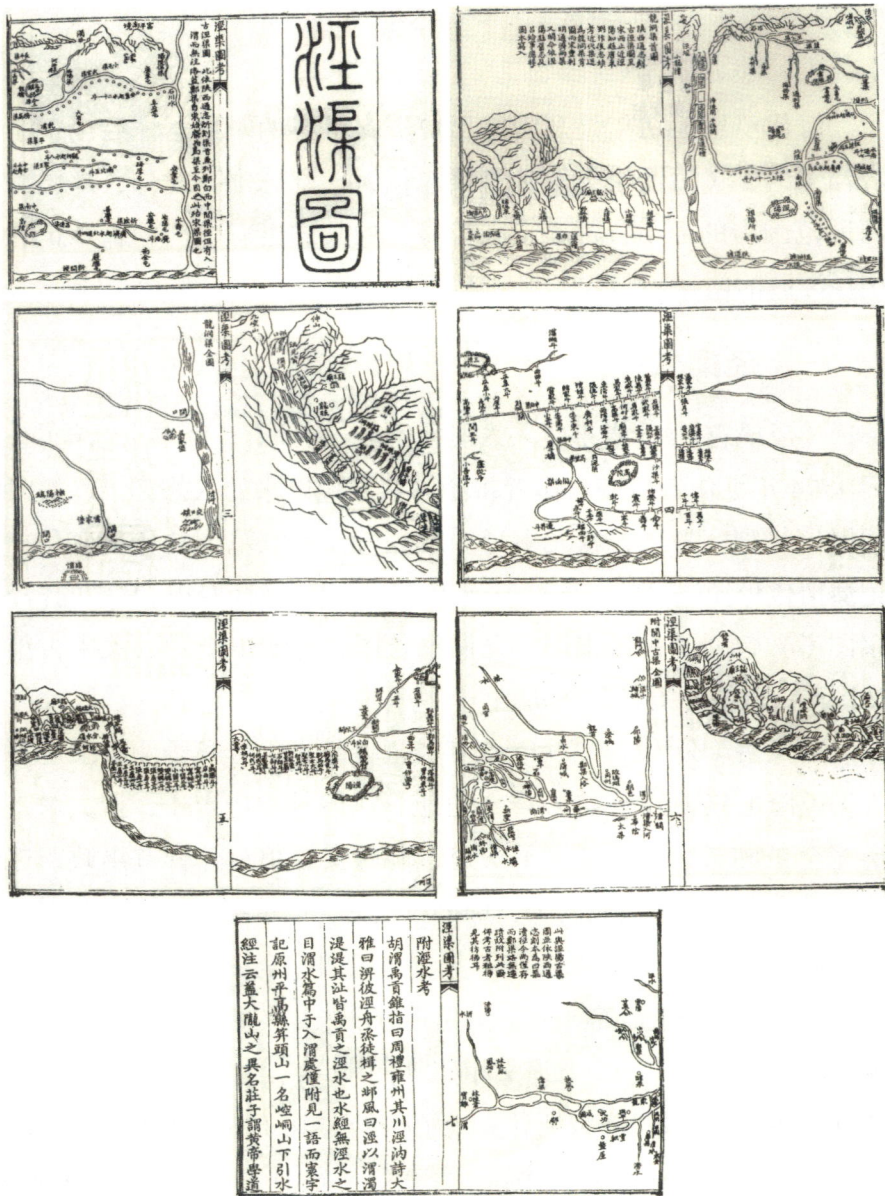

图7-3 《泾渠志》图

二、后泾渠志

清道光二十一年（公元 1841 年）河南固始人蒋湘南修《泾阳县志》，末附《后泾渠志》三卷。卷一《泾渠职官纪事表》，记录了历代修治泾渠的主持人姓名、职位等；卷二《龙洞渠志》，记载了当时龙洞渠的渠系分布和各渠控制的灌溉面积；卷三《泾渠原始》，叙述了泾渠的历史并考证了泾渠各项设施和制度的始创年代。《后泾渠志》实际是单独的一本书，但它又属《泾阳县志》的卷三十一至三十三。《后泾渠志》没有图，这是一个缺憾，如果结合《泾阳县志》卷五的几幅图来看，也还有一定价值。

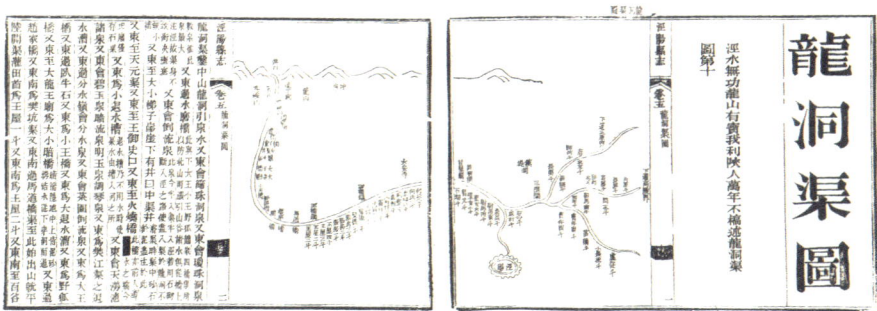

图 7-4　《泾阳县志》龙洞渠图

蒋湘南（公元 1795—1854 年），字子潇，回族，河南固始县人。自幼丧父，母亲王氏寒暑无间对其进行启蒙教读。叔父见其聪明好学，置书千卷，聘请老师教授，19 岁考中秀才。道光五年（公元 1825 年），河南学政吴巢松举其为拔贡，并写诗赞曰："一鞭初指仆公来，难得风檐有此才！"次年入京，结识阮元、顾纯、黄爵滋、龚自珍、魏源等学者名人。其后在南京两江总督蒋攸天府作短期幕僚，同江南学者文人交流学问。道光八年（公元 1828

年）底，为陕甘学政周之桢幕僚。道光十五年（公元 1835 年）中举。道光二十四年（公元 1844 年），补虞城教谕。湘南绝意仕进，拒绝任职，专事游幕、讲学，潜心研究经学。他先后在关中书院、同州书院讲学，并纂修《蓝田县志》《泾阳县志》《留坝厅志》《同州府志》《夏邑县志》《鲁山县志》等志书，最后完成《陕西通志》稿。咸丰四年（公元 1854 年）八月卒于陕西凤翔。

三、泾渠志稿

1924 年，高士蔼综合前人著作，结合实地考察，著《泾渠志稿》。1935 年由李仪祉作序刊行。全书共分历代泾渠图、历代泾渠名称、历代泾渠浚修记、历代泾渠古迹考、历代泾渠工程纪略、历代泾渠斗门沿革考、历代泾渠制度考、历代泾渠职官表和历代泾渠名人议论杂记等九类。

作者高士蔼，字锡三，陕西泾阳人。李仪祉称赞他是"儒而善稼者"，既没有学过水利，也没有学过机械，却曾经引清峪河水带动水轮来驱动纺织机械。1920 年，靖国军总司令于右任委任高士蔼、高又明、王五臣监修鸣玉泉，后因经费不足而中止。高士蔼还是打开吊儿嘴的积极倡导者，他曾经和高又明一起用沙泥做成模型，模拟吊儿嘴与龙洞渠的上下关系，说明"吊儿嘴之易开，龙洞渠之宜修"。这个模型在三原东关的善堂展览，对以后泾惠渠的上马起到了推动作用。1923 年，高士蔼作为李仪祉的助手参与疏浚龙洞渠。在李仪祉的鼓励下，他与赵宝山、刘钟瑞、高芝及、姚介方等同事在泾河河谷上下考察，并广泛阅读历代文献，进行一一对比订正，使对郑国渠的研究更进一步。但《泾渠志稿》完成比较匆忙，有一些文字错误，也有个别对前人文献的误解。例如将王琚、王承德当作了两个人，等等。《泾渠志稿》，顾名思义，作者显然打算未来再作进一步修改，但未能如愿。

此外，郑国渠灌区范围内的泾阳、三原、高陵等县的县志也有专门的篇章记述引泾灌区的内容。其中以《泾阳县志》版本最多，内容最丰富。主要有：

明嘉靖《泾阳县志》刻本 12 卷，连应魁、李锦纂修。明嘉靖二十六年（公元 1547 年）冬十月印，为明成化二年（公元 1468 年）《泾阳县志》翻版，4 册 12 卷，约 6 万余字。其中卷四、五、六为水利，有泾阳县地理图、泾阳县城图、泾渠图、清渠图。此书是泾阳县现存最早的一部志书。

康熙《泾阳县志》8 卷，王际有纂修。4 册，有图。该志于康熙四年（公元 1665 年）始修，康熙九年（公元 1670 年）付梓。该志以明万历年间魏学曾志为基础，但不拘成例。作序者有四：其一鱼飞汉，阳陵人，进士出身，内府工科左给事；其二韩望，泾阳县人，进士出身，户部湖广司员外郎；其三张重令，泾阳县人，工部都水清吏司主事；其四王际有，又有县儒学署教谕举人罗川巩作跋。4 册 8 卷，66 目，约 11 万字。卷首有县境图、县城图、泾渠图、冶渠图及清渠图。正文 8 卷分为 8 门，其中卷四为水利志，含泾渠、冶清渠 2 目。有康熙九年刻本。

雍正《泾阳县志》8 卷，屠楷修纂。始修于雍正六年（公元 1728 年），雍正十年（公元 1732 年）书成并付梓。记事止于雍正十年。4 册 8 卷 70 目，门目分类承袭康熙王志，并续补前志以来 60 余年史实。一册有 3 卷，二册有 3 卷，其中卷四为水利志，包括泾渠、清渠等。三册有 1 卷，四册有 1 卷。附有泾阳县形胜图，分别是县境图、县城图、泾渠图、冶渠图。有雍正十年刻本。屠楷，浙江钱塘人，曾任泾阳县知县。

乾隆初年《泾阳县志》8卷。唐秉刚、谭一豫修纂。始修于乾隆初年，乾隆十二年（公元1747年）成书并付梓。记事止于乾隆十二年。此志系在康熙九年知县王际有撰写的县志基础上，将以后发生的人和事整理续修而成。故称康熙九年县志为《泾阳县前志》，以续人近事为《泾阳县后志》，合为一部。总目仍按康熙九年县志，各统细目，内容无改动者，注称仍旧；有所增补者，则注续入，有附图一张。此书"典核详明，刻板完全"。有乾隆十二年刻本。修纂者唐秉刚，字近仁，广西桂林人，举人，时任泾阳知县。

乾隆四十四年《泾阳县志》10卷，葛晨纂修。6册，有图。始修于乾隆四十一年（公元1776年），乾隆四十四年（公元1779年）成书并付梓。记事止于乾隆四十四年。该志将泾阳县前后志合为一编，并续补了乾隆十二年至四十四年30余年间史实。卷首有葛晨志序、旧志序、志跋、凡例与县境图、县城图、泾渠图、冶渠图、清渠图。第一册一卷至三卷，有序和凡例，志序记载了历代县志的沿革。第二册四卷至六卷，其余四册各有一卷。其中卷一地理卷，卷二建置志，卷三贡赋志，卷四水利志，卷五官师志，卷六选举志，卷七、八人物志，卷九、十艺文志。有乾隆四十四年刻本。葛晨，浙江余杭人，乾隆甲子举人。清乾隆四十一年（公元1776年）调补泾阳县知县。

道光二十二年《泾阳县志》30卷，蒋湘南、胡元焕纂修。道光二十一年（公元1841年）编成。4册30卷。卷前有凡例和采访条例。内容包括：卷一至制纪，卷二恩泽纪；卷三有地平经纬图、县境全图、汉池阳县图、后汉池阳县图、唐泾阳县图，卷四有县城图、衙署图、学宫图、瀛洲书院图，卷五有龙洞渠图、冶渠图、清渠图、《水经注》水道图、《长安志》水道图，卷六有八乡总图、宜善乡图、广吉乡图、临泾乡图、温丰乡图、甘延乡图、清流乡图、金龟乡图、瑞安乡图；谱有二卷；考有五卷；略有五卷；传有十二卷。附有泾渠志三卷。胡元焕，江西新建举人，道光二十年（公元1840年）由蓝田县调任泾阳县知县。

宣统三年铅印本《泾阳县志》，十六卷，首一卷，末一卷，刘懋官、周斯亿纂修。成书于宣统三年（公元1911年）八月，于民国三年（公元1914年）由天津华新印刷局活版印刷。志分16卷，分别是地理志上下、贡赋志、水利志、秩祀志、学校志、武事志、实业志、艺文志、官师表、选举表、列传一、二。有图15幅：县境全图、城图、龙洞渠图、清渠图和十乡分图。"文征"中，录有明嘉靖李志、万历魏志、清康熙王志、乾隆唐志、道光胡志序言。

《重修三原县志》十六卷，明代朱昱纂修，林洪博补修。成化十七年（公元1481年）成书付梓。朱昱，江苏常州人。因三原前志多脱略错乱，朱氏遂依其重修，约二十万字。后知县林洪博于弘治十七年（公元1504年）重订，参与者有王存裕、张信等，于嘉靖十四年（公元1535年）付梓，记事增至嘉靖十二年。正文分地理、山川、食货、物产、公署、官制、坛壝、祠庙、寺观、宫室陵墓、古迹、宦迹、人物、制词、词翰十五门。体例详细，史料较富，经众人手订，愈可征信。人物门载三十余人传记，可补正史不足。词翰门卷帙最大，占全书内容之半，收载诗词文章数百篇，有一定史料价值。此志为三原现存最早方志。成化原刻本仅国家图书馆藏有一部，嘉靖本典藏于北京、陕西、台湾等地图书馆。

康熙《三原县志》七卷，清李瀛、温德嘉、焦三序修纂，一般称为"李志"。始修于康熙三十九年（公元1700年），成书于康熙四十六年（公元1707年），同年付梓。是志为嘉靖林志的续志，前志的内容予以标记，正文七卷分地理志、建置志、赋役志、官师表、选举志、人物志、艺文志七门，下有七十五目。附疆域、县城图两幅。有康熙四十六年刻本。

乾隆《三原县志》，清杨应琚修，张象魏纂，一般称为"张志"。二十二卷，首一卷。是志始修于乾隆二十九年（公元1764年），成书于乾隆三十四年（公元1769年），同年付梓。记事止于乾隆三十三年。卷首为目录、凡例、图。正文分星野、建置、疆域、山川、城池、公署、职官、田赋、学校、祠祀、选举、兵防、屯运、水利、盐茶、物产、风俗、祥异、名宦、人物、陵墓、古迹、典籍、轶事、艺文，共二十五门八十二目。内容丰富，考订精当，篇幅宏大，全书约28万余字。有乾隆三十四年刻本。

《三原县志》，十八卷，卷首一卷，清代刘绍攽纂修。该志以康熙李志与乾隆张志为基础补辑而成。乾隆四十八年（公元1783年）刊印。正文十八卷分为九门，记事止于乾隆四十五年（公元1780年）。内容侧重于人物和艺文，共占十二卷之多。其中艺文就有七卷，诗文约占三分之一篇幅。

《三原县新志》八卷，清代焦云龙修，贺瑞麟纂。有光绪刻本。

《高陵县志》七卷，明代吕柟纂修。吕柟，字仲木，号泾野，高陵县人。正德三年（公元1508年）进士，官至礼部侍郎。是志始修于弘治十四年（公元1501年），历三十余年而成。后又经其门人杨九式增修，至嘉靖二十年（公元1541年）刻印。卷首为序跋与图，有马理序、刘杰跋、徐效贤序、王九思序、吕柟自序。

图有县城图、县境图、县城以北境图、县城以南境图。正文分地理、建置、祠庙、户租、历数、礼仪、职官、官师、人物、科贡、邸宅、陵墓十二门。记事至嘉靖二十年。是志记载详尽，考证精审，被清代学者王士祯誉为明代陕西十大名志之一。有嘉靖二十年刻本，嘉庆三年（公元 1798 年）、光绪十年（公元 1884 年）翻刻本。

雍正《高陵县志》，清代丁应松、樊景颜纂修，有雍正十年（公元 1732 年）刻本。

《高陵县续志》，清代程维雍修，白遇道纂。有光绪刻本。

第八章　民国时期引泾灌溉：准备阶段

　　1911 年的辛亥革命实际对传统水利并没有直接影响。龙洞渠的维修、管理都在延续清代的方法与制度。例如民国元年（公元1912 年）杨仁山变卖官民渠树数千株，带队修堤去淤；民国九年（公元 1920 年）靖国军总司令于右任委任高又明、高士蔼等人监修鸣玉泉，后以款项不足中止；民国十二年（公元 1923 年）李仪祉任陕西水利分局局长，筹款二万元，委任高士蔼、岳介藩等人监修天涝池、碧玉泉等处险工堤段，复收鸣玉泉入渠，使龙洞渠水面陡增尺许。工程效果不错，完工后将碧玉泉改名逼玉泉。以上这些都是常规性的小工程。

　　真正使引泾灌溉产生巨大变化的就是泾惠渠的建成。泾惠渠的修建过程可以说是一波三折，从郭希仁与李仪祉的最初设想，到完成初步规划，再到最后的建成，前后几乎经历了 20 年的时间。中间军阀混战、资金匮乏、人事矛盾等等层出不穷。好在泾惠渠的修建是社会发展的需要，符合老百姓的心声，因此它最后还是完成了。并成为了民国水利的一个样板，大大推进了陕西和全国水利事业的发展。

　　泾惠渠建设资金的主体部分是由华洋义赈会提供的。在施工技术方法上，华洋义赈会的塔德、安立森等外国技术人员也发挥了重要的作用。因此，泾惠渠当时还是一项影响巨大的中外合资合作的共建项目。

华洋义赈会的全称是中国华洋义赈救灾总会（China International Famine Relief Commission，缩写为 CIFRC），是民国期间最大的民间慈善组织，创建人裴义理[1]。

华洋义赈会可溯源至 1906 年，当时是一个由中外慈善人士设立的临时性公益机构，赈灾结束后即自动解散。1920 年北方大旱，灾民高达 2000 余万人，以"华洋义赈会"为名称的中外合办的慈善赈灾组织再次出现，一度达九个之多，彼此各自为政。至 1922 年 11 月，各界慈善人士以华北赈灾的余款为基础，成立了统一的"中国华洋义赈救灾总会"。义赈会最初是由上海华洋义赈会、天津华北华洋义赈会、山东华洋义赈会、河南灾区救济会、山西华洋义赈会、汉口救灾会华洋联合委办会、北京国际统一救灾总会 7 个中外合办赈团联合组成，各会派中西各一人为总会会员。在北京设总事务所，统筹全国救灾防灾事宜，并协调与政府专设机关的关系。总会统一支配赈款的使用。裴义理创办华洋义赈会影响巨大，孙中山、黎元洪、张謇、刘冠雄、袁世凯、段祺瑞、宋教仁、赵秉钧、黄兴、蔡元培等社会各界名流纷纷为华洋义赈会题词。

华洋义赈会成立后，发展很快，会员不断增加。到 1935 年，华洋义赈救灾总会下属会员达到十几个，成为当时国内最大的慈

---

① 裴义理（Joseph Bailie，公元 1860 年 7 月 11 日—1935 年），加拿大人，美国传教士。出生在英国的爱尔兰。1890 年来到中国，在苏州传教。1899 年任京师大学堂教习。1911 年发起成立中国义农会。1912 年在金陵大学（今南京大学）任教授。1914 年创办金陵大学农科，为中国高等农业教育的开始。他在南京紫金山开始大规模垦荒造林，奠定了该山良好植被的基础。1915 年，又在中国倡导成立植树节。1935 年逝世。

善赈灾团体。太平洋战争爆发后，华洋义赈会被日军视作敌对组织，活动被迫全部终止，人员及资料陆续内迁，服务于其他公益社团，至1945年复会。1949年9月1日，章元善在上海登报宣布华洋义赈会解散。

第一节　郭希仁与李仪祉

李仪祉是我国近现代杰出的水利科学家和教育家，他毕生以治水为志，求郑白之愿，效大禹之业，兴学执教、治黄导淮、凿泾引渭，泽被三秦大地，惠普大江南北，被誉为"陕西近代水利的奠基人""中国现代水利先驱"和"亚洲近代水利科技先驱"。郭希仁则是民国初期陕西著名的政治家，同盟会陕西分会会长。同时，郭希仁一生关注陕西水利，一心一意打算恢复引泾灌溉的郑国渠。特别应该强调的是，郭希仁还是发现并引导李仪祉走上治水道路的伯乐。

郭希仁（公元1881—1923年），陕西临潼人。原名忠清，字时斋，又字思斋，后改字希仁。辛亥革命后，以字行。

郭希仁最初宣传君主立宪思想，提倡兴办女子学堂，希图通过演讲，实现自己的政治理想。光绪末年思想开始转变，发出了"誓共驱逐鞑虏，光复故物，扫除专制政权，建立共和国体"的呼喊。宣统元年（公元1909年）十月，被推举为陕西咨议局副议长，而议长正是李仪祉的父亲李桐轩[①]。同年冬，郭希仁由陈会亭、景梅九介绍加入中国同盟会。丽泽馆、咨议局成为同盟会会员秘密聚

---

① 一说为副议长。

会的地方。

宣统二年四月，郭希仁被推举为陕西咨议局进京请愿代表。郭希仁赴京后，被同盟会会员推举为陕西分会会长。同年冬，同盟会会员彭世安、张聚庭联合陕西新军军官30余人，掀起反对陕西新军督练公所总办王毓江的斗争。郭希仁与咨议局议长、同盟会会员李桐轩以咨议局名义，把王毓江吞没款项、滥用私人、招纳贿赂、营规不肃等罪状控告于清廷资政院，迫使陕西巡抚恩寿将王撤职。

图 8-1　郭希仁

1911 年 10 月 22 日，西安起义爆发。当晚，郭希仁被请到起义指挥部主持内务。23 日控制西安全城。他起草安民布告："各省皆变，驱逐满人，上征天意，下顺民心。宗旨正大，第一保民，第二保商，三保外人。回汉人等，一视同仁。特此晓谕，其各放心。"27日，陕西军政府成立，郭被任命为军政府高等顾问和总务府参政处负责人，在调解哥老会与军政府领导人之间的矛盾、加强陕西军政府领导人之间的团结方面，做了大量工作。军政府这一时期的文件、布告多出其手，许多行政事务多由其决定，因此当时被称为"郭丞相"。

1912 年 6 月 23 日，郭希仁与张凤翙、陈树藩、王锡侯等发起成立统一共和党陕西支部。两天后，井勿幕等开会，将同盟会陕西分会改为陕西支部。8 月，同盟会陕西支部与统一共和党陕西支部合并成立国民党秦支部，郭被选为干事。

袁世凯任中华民国临时大总统后，陕西都督张凤翙向袁妥协，郭希仁以足疾辞去军政府职务，回到家乡临潼。

1913年1月郭希仁离陕赴京，3月在北京皈依基督教，不久辞去国会参议院议员，赴欧洲考察。李仪祉是他此行欧洲的随员和翻译。

李仪祉只比郭希仁小一岁，但此时郭希仁已是陕西政界名流，李仪祉却还只是一名尚未完成学业的学生。1898年，李仪祉以精于数学考取了秀才第一名。第二年又进入专门学习西学的泾阳崇实书院。1901年，入西安关中学堂。1904年，考取北京京师大学预科德文班。

图8-2 李仪祉

1909年，由西潼铁路局派赴德国柏林皇家工程大学土木工程科留学，主要学习铁路工程。1911年，辛亥革命爆发后，中辍学业回国。1913年，他同郭希仁一道遍游了俄、德、法、荷、比、英、瑞等欧洲诸国，由于郭希仁关心陕西水利的发展，因此特别注重"考察河流闸堰堤防"。

我们无从知道他们一起考察欧洲及相互交流的细节，但目睹欧洲许多国家先进的水利设施，无疑他们两个人之间一定有过很深入的交流和讨论。目前我们知道有明确记载的是两段话。

第一，郭希仁对李仪祉说："吾国江河失治，旱潦频见，吾陕尤屡苦旱荒，观德、荷诸国，水政修明，君宜注力于此，回国后，大之能继禹功，小之可追郑白迹，不逾于其他事业耶！"[1]

第二，郭希仁对李仪祉说："与其学它艺，不如学水利，吾乡之郑白渠，废弛久矣，曷弗于吾辈手兴复之？"[2]力劝原在德国读铁路土木工程的李仪祉改学水利。李仪祉虽然"幼年即以攻求水利学识自矣"[3]，但毕竟已经花了几年时间学习铁路工程，中途舍弃自然要费些周折。李仪祉最终接受了郭希仁的提议，用"谨受教，不敢忘"几个字就作下了一生的承诺。于是他毅然放弃了几年的学业，改入但泽工科大学[4]专攻水利。

从此以后，郭希仁和李仪祉就成了终身的朋友和水利事业的伙伴。郭希仁认定李仪祉是恢复郑国渠和陕西水利的不二人选，李仪祉则以郭希仁的嘱托作为自己不可推卸的责任。这两个人传承了民国时期一篇伯乐与千里马的佳话。

郭希仁回国后曾多次致函李仪祉，频频表示："引泾之利，既享于昔，何遂不能复获于今？吾二人合谋为之。君求学于外，我致力于内，必可得遂。"此后郭希仁一直和李仪祉保持联系，告诫李仪祉勿忘水利。在郭希仁的影响下，李仪祉放弃铁路工程的学习，改学水利，并成为一代水利大家。

1914年郭希仁曾上书全国水利局总裁张謇，建议兴修西北水利，防涝减灾。

1917年秋，郭希仁任陕西省水利分局局长兼林务专员，并明确表示："余守此位以待能者也"，从而为日后李仪祉主持

---

① 《渭北水利工程报告序》。

② 《泾惠渠之首功者郭希仁》。

③ 《李仪祉遗嘱》。

④ 但泽是德语，波兰语称格但斯克。但泽以后划归波兰，但泽工科大学改名为格但斯克工业大学，是波兰最古老的大学之一。

陕西水利埋下伏笔。时值雨涝，泾河泛滥，郭亲赴被洪水冲毁的龙洞渠查勘，并向省长陈树藩呈送了《复勘龙洞渠工及治标治本办法》。

陈树藩主持陕政后，投靠北洋军阀。1918年1月，张义安、董振五、邓宝珊、胡景翼、曹世英等在三原成立陕西靖国军，讨伐陈树藩。2月，郭希仁奉陈树藩命到三原劝靖国军停止讨陈，被拒绝。同年，郭希仁任陕西省教育厅厅长。

1920年，郭希仁辞水利分局局长职，推荐李仪祉接替，在李仪祉未到任前，郭希仁仍代理水利分局局长职，并捐薪为局中购置测量仪器。

民国十一年（公元1922年）秋，李仪祉回到陕西，接替郭希仁陕西水利分局局长职务。1923年4、5月间，李仪祉探望郭希仁时，他已病重，不能说话，用笔写道："余以支离之身，勉守此位以相待也。勉成大事，余无恨矣。"此后不到一个月，1923年5月21日，郭希仁病逝西安。一生著述有《水利谭》《春秋随笔》《儒学纲要》《圣迹备考》《从戎纪略》《六十年交涉纪略》《国史讲演录》《思斋文存》《说文漫录》《欧洲游记》及自述、日记等数十种。其中《水利谭》一文应是郭希仁在水利上的代表作，但笔者直到本书脱稿，也未能找到原文一睹，只好留作后来的研究内容。

李仪祉接替郭希仁任陕西水利分局局长职务，很快完成了引泾工程的测量和规划工作，但经过五年的努力，始终无法解决建设经费问题。他在失望、痛苦中辞去了陕西水利分局局长职务，并发出感慨："引泾之事，时局负我，我负希仁。他日干戈载戢，政府有意兴办，尚欲高陟仲山之顶，望小子辈努力成功也。"

直到 1930 年，杨虎城主政陕西，引泾工程迎来了新的希望，经过社会各界的共同努力，引泾工程第一期完工，并正式命名为"泾惠渠"。1932 年 6 月 20 日，泾惠渠举行放水典礼。此后李仪祉得到了社会各界的赞许和国民政府的表彰，而李仪祉却在这时写出了《泾惠渠之首功者郭希仁》一文，回顾了自己与郭希仁的友谊以及自己改学水利工程的过程，完成了一次对朋友的承诺。

李仪祉曾在德国一处墓地参观时翻译了一首诗："君辈今若何，吾辈昔亦若。吾辈今若何，君辈将勿脱"，表达了一种承前启后的意愿。以后郭希仁未能完成恢复重建郑国渠的心愿，带着深深的遗憾离世，唯一感到宽慰的是有李仪祉接班，而十五年后李仪祉辞世，也有"关中八惠"未竟的遗憾。李仪祉的弟子胡步川将这称为"诗谶"，因此将这首诗重新翻译了一遍，阐述了继承先师遗志的决心："负后死之责，循先贤之迹，后人之视今，亦犹今视昔。"

毫无疑问，郭希仁对李仪祉的影响是深刻的，这两个人都是一诺千金的真君子，郭希仁在陕西水利分局局长的位置上等待了李仪祉将近 10 年，始终相信李仪祉是复兴陕西水利的唯一人选。李仪祉则以 10 多年的不懈努力，克服重重困难，终于建成了泾惠渠，完成了郭希仁的遗愿。李仪祉在辞世之前皈依了基督教，这大概也在一定程度上受到了郭希仁的影响。而李仪祉的所作所为也给他的弟子和同事带来了深刻的影响。李仪祉逝世后，他的主要弟子孙绍宗、刘钟瑞、胡步川等继续他的事业，在以后的 10 多年里，继续建成了关中八惠、陕南三惠等多项水利工程，把接力棒传承下来。

第二节　恢复郑国渠历史辉煌的期望与努力

　　一项重大的水利工程，其建设过程必定是十分复杂的，其中不仅有许多工程技术问题，也有许多工程技术以外的非技术问题。对于这一点，李仪祉显然是有一定思想准备的。1915 年春，李仪祉在德国学习水利完成之后返回祖国，在当时的政治形势下，他没有马上回到陕西筹划引泾灌溉工程，而是参与创办了中国第一所高等水利学府——南京河海工程专门学校（今河海大学前身），任教务长，一度主持校务。河海工程专门学校是张謇创建的，他同时也是北洋政府全国水利局的局长。在当时的情况下，来自张謇的邀请肯定更有诱惑力。李仪祉想完成渭北工程项目，如果能够得到张謇的支持，应该是很有希望的。但是由于北洋政府的腐败，张謇的许多设想都无法实现，李仪祉的理想就更不可能实现了。

一、最初的规划尝试

　　1912 年"中华民国"刚成立不久，就讨论了如何利用近代工程技术来恢复郑白渠以往的辉煌。引泾水利工程的勘测工作，最早开始于民国八年（公元 1919 年），当时陕西省水利分局局长郭希仁希图恢复郑白旧观，曾派人草测泾河谷口，画出 1 ∶ 25000 地形图，提出了初步的工程设想，并送到南京河海工程专门学校求教于李仪祉，李仪祉复函认为地形图比例尺太小，基本资料不全，不宜草率从事。李仪祉提出拟就仲山凿洞修坝引水方案，内容包括土石方量估算、仪器购置、勘测设计费、工程技术人员工资及灌区受益后归还贷款问题等，提出了 13 条具体意见。

1917 年秋，渭北地区的部分军队组建成"陕西靖国军"，对抗陕西督军陈树藩。1918 年初，靖国军将关中地区三分之二的兵力联合了起来，总部设立在三原。正当他们要把陈树藩从西安驱逐之时，陈树藩向邻省河南的军阀刘镇华求援，刘镇华带军进入陕西，迫使靖国军处于防守地位。靖国军的首领为了取得一个名正言顺的地位，因此就把著名的革命家、三原人于右任（公元1879—1964 年）请回陕西来当靖国军总司令。

于右任在孙中山的鼓励下，同意了靖国军首领们的请求，回到陕西出任靖国军总司令。经过一番努力，靖国军的势力扩大到14 个县，并有效抵制了陈树藩和刘镇华的军队。到了 1921 年，陕西的军政府与在北京的北洋政府联合，瓦解了靖国军的兵力和组织，结果靖国军在 1922 年 5 月迫于压力被裁减掉。于右任再次离陕赴沪避难。

1917 年秋天到 1922 年 5 月这四年多的时间里，于右任领导的靖国军一方面抵抗陕西军政府，一方面很重视地区的发展。在靖国军控制的地区实行了减税，公共秩序得到一定的保证，并且推广教育，开办学校，引泾灌溉系统的重新规划也取得了进展。值得注意的是，靖国军和陕西军政府虽然是死对头，但在恢复引泾灌溉系统的问题上似乎并没有冲突。1919 年郭希仁派人到泾河及龙洞渠进行实地考察和测量，郭希仁是陕西省水利分局局长，隶属陕西军政府，而靖国军的总部设在三原，位于龙洞渠灌区之内。从目前所掌握的资料来看，靖国军没有为难这次考察。同年，靖国军总司令于右任还委任高士蒿、高又明、王五臣监修鸣玉泉，后因经费不足而中止，但这也说明于右任和靖国军对引泾灌溉项

图8-3　方维因

目还是有兴趣的。此外，1921年在北京新组建的华洋义赈会也对渭北项目产生了兴趣，他们邀请全国水利局顾问方维因（H.vander Veen）、咨询工程师吴南凯来到渭北进行现场勘测。

方维因很快就离开了，留下吴南凯带着一组考察人员一直上到钓儿嘴。他们得出结论，对旧有的龙洞渠系统进行修复，比在钓儿嘴修建新的主渠入口及隧洞，再引水到平原的好处更大，北平华洋义赈救灾总会提出改变凿洞方案为修复旧渠的引水建议。对于这次考察，靖国军也没有设置障碍。

　　这里有必要专门介绍一下吴南凯。吴南凯，又名雪沧，福建

图8-4　吴南凯

龙溪人，上海三省商办铁路大学毕业，美国芝加哥工程研究院函授水利工科毕业。漳厦铁路练习工程师，漳州浚河局测量主任，福建交通司科长，粤汉铁路湘鄂段副工程师，督办天津水灾事宜处技师。1922年任美国华洋义赈会工程师陕西工赈主任工程师，1923年任扬子江技术委员会一等技师兼地形防灾测量队队长，1928年任建设委员会技正办

110

理东方大港测量事宜，1933 年任铁道部总务司卫生科专员，1936 年任黄河水利委员会工务处工程组主任，1948 年任水利部视察工程师兼资料室主任，1956

图 8-5　吴南凯 1922 年测绘的泾河大断面图

年开始在水利水电科学研究院水利史研究所工作，此后情况不详。1922 年发表了《查勘陕西泾渠水利报告书》，主要介绍了引泾工程的测量及其设计。吴南凯第一次在引泾工程前期设计中进行了浮标流量测验，并设计了拦河坝。他首次推算了泾河最大可能洪水位，同时他设立的引泾工程岳家坡测量基点作为陕西省张家山水文站的冻结高程，一直沿用至今，只是新中国成立后黄委会曾做了差值改正。

　　1921 年，靖国军的日子已经不大好过，军事上的压力很大，但总司令于右任、总指挥胡景翼等还是接受了渭北 11 县绅士们的倡议，利用"陕西义赈会"给予的 10 余万救灾余款，兴办引泾灌溉工程，成立渭北水利委员会，公推李仲三为会长。设渭北水利工程局于三原，渭北水利工程局名誉总董为胡景翼、总董为田玉洁，实际负责局务的为总办李仲三，此外还有柏厚福为副总办。陕西义赈会设在西安（不久以后成为华洋义赈会的陕西分会），渭北工地则在靖国军的控制范围之内，然而，由慈善机构募捐而来的义赈资金却能够顺利到位，看来，陕西军政府在这个问题上也没有为难靖国军。双方另一个一致的地方就是他们都需要李仪祉这个本乡本土的水利专家，渭北水利工程局想聘请于右任的同学李仪祉当总工程师，陕西军政府的郭希仁则邀请李仪祉来替代他担任省水利局局长。

陕西很需要李仪祉回来，而他本人很可能是感觉夹在两派势力当中很难做事，也很难在两位朋友郭希仁、于右任之间处理关系，因而并没有就职，而是继续留在了南京。

1922年秋天，两派势力都发生了变化。靖国军被打败，已不复存在，于右任已经离开陕西。刘镇华取代了陈树藩成为陕西督军，促使李仪祉回到陕西的最重要的原因是郭希仁病重，他感到现在是必须兑现当年对这位老朋友承诺的时候了。李仪祉被任命为陕西省水利分局局长，同时兼任渭北水利工程局的总工程师。李仪祉携带了他的两名学生胡步川、刘钟瑞做助手，胡步川当时留校任助教工作已近两年，并兼任校刊编辑，刘钟瑞则是当年刚刚毕业的学生。

图8-6　渭北水利工程局部分人员

（后排左起：王南轩、刘钟瑞、胡步川、李百龄、张子麟，前排左起：袁敬亭、段惠诚、王玉山、李仲三、范卓甫、胡润民、蔡维荣）

1922年8月，李仪祉领导组建测量队，正式勘测泾河河谷、灌区地形，开展水文观测工作。测量队分为陆、水两队，陆队主测地形及渠道定线测量，队长刘钟瑞；水队主测水文气象（水位、流量、雨量等），队长胡步川，测量业务统由总工程师李仪祉领导。在测量期间李仪祉对于重要山谷河道亲持测杆、仪器，攀登悬崖陡坡，现场指导，极大地鼓舞了他的学生和部属们。水队队长胡步川虽曾几次失足落水[①]，仍坚持领队勘查，从不辞劳。此次测量由 1922 年 8 月至 1924 年 8 月，历时两年完成，主要工作量有：测绘仲山 1：2000 地形图 6.2 平方千米，由妙儿岭岳家坡原点（海拔 500 米）至赵家桥的水准测量，干渠线路水准导线 20 千米，旧渠水准导线 17.5 千米。为确定坝址及水库容积，还进行了 1：5000 泾河谷地形图的测量，

图 8-7　破冰测量

图 8-8　仲山龙王庙

① 目前有一些文章记述李仪祉在测量时曾几次落水，恐为以讹传讹。从胡步川《艮斋忆剩》一文的记述来看，落水的是胡步川，而不是李仪祉。目前没有见到记述李仪祉落水的第一手文字。此外，李仪祉身兼数职，根本不可能长期在测量现场从事具体工作。而且仅就测量工作本身来说，有胡步川、刘钟瑞两人负责就足够了。

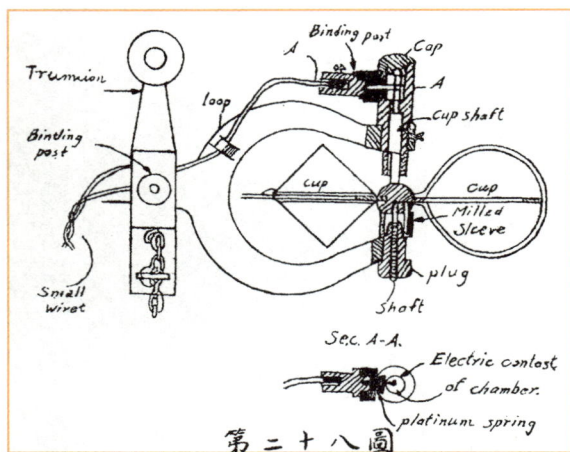

图8-9 1922年来到陕西的第一架流速仪结构图

从二龙王庙向上游4000米，向下游到北屯5000米，面积9.1平方千米。灌区干渠线路测量，主要有二：由岳家坡沿北山麓东经瓦窑头，东北行抵当平折而东，经于村至东茯岭村西百米抵洛河边，长126.03千米；自赵家沟南端循旧渠经王桥、石桥、汉头、三限闸至高陵，自三限闸测支线抵卷子，共长77千米。

1924年3月10日，中国华洋义赈救灾总会总干事梅乐里（美国）、工程主任塔德（美国）由北京启行来陕，调查渭北水利工程。李仪祉的引泾工程设计方案仅得到原则肯定，塔德等当时并没有表示实际的支持。须恺这时刚刚从美国加州大学灌溉系毕业，获得硕士学位，于3月返回祖国，李仪祉立刻邀请须恺来陕西，协助引泾灌区的设计工作。在李仪祉的规划基础上，引泾灌区的设计工作大部分是由须恺完成的，金陵大学森林系研究部主任、美籍教授罗德明（W.C.Lowdermilk）[1]也参与了部分设计工作。

二、引泾灌溉的两种规划方案

1923年，李仪祉提出了《陕西渭北水利工程局引泾第一期报

---

[1] 罗德明，一译罗德民。著有《淮河上游之现状》。

告书》，次年又提出《陕西渭北水利工程局引泾第二期报告书》，对引泾灌溉渠首工程提出了甲、乙两种规划方案。

1. 甲种规划方案

甲种规划方案为高坝方案，分两步进行：

第一步，恢复白渠。主要项目有下列工程：

主隧道（灌溉隧洞）：在吊儿嘴泾河大转弯处顶部之下穿山凿洞，长 2560 米（1500 米为岩石，1060 米为黄土），成洞断面 12 平方米，需开挖石方 19500 立方米，土方 18000 立方米。石洞用混凝土衬砌，厚 10 厘米，共 1500 立方米；土洞用水泥砂浆砌料石，厚 0.5 米，砌石 5300 立方米。隧洞进口底部高程 461 米，出口处连接赵家沟，高程 460 米，隧洞坡降 1/2560，过洞流速每秒 5 米（总流量 5×12= 每秒 60 立方米）。隧洞上下装置垂直提升闸门，以控制流量。隧洞出口挖明渠至赵家桥，最大挖深为 40 米。

泄水隧洞：贯穿钓儿嘴山基开挖，洞长 400 米，隧洞断面 12 平方米，其底部高程低于枯水位，作为施工导流和泾河洪水的主要泄水通道。

低坝：在灌溉隧洞进口之下建低坝，其顶部高程与隧洞进口顶部相同，即 465 米，最大坝高 13 米，坝长 100 米。

扩建和整修低线老渠道。

第二步，恢复郑国渠，主要有下列工程：

高坝：在泄水隧洞出口之上河谷的最狭窄处，建设混凝土双曲拱坝，坝高 75 米，坝顶长度约 200 米，库容 8000 万立方米以上。每年可从泾河供水 7.88 亿立方米，按有效利用率 60% 计算，实际年可用水量为 4.73 亿立方米。

外库和坝：隧洞出口明挖将扩宽到 60 米，长 275 米，筑砌石坝一座，设有底孔，并用闸门封闭。底部和边墙铺石衬砌，形成深 42 米的外库，容量约 70 万立方米。

新干渠：引水能力每秒 25 立方米，坡降 1/10000，流速每秒 1 米。渠首闸前渠底高程 480 米，低于主库最低水位。

灌溉面积：以上规划工程完成后，可灌溉渭北泾阳、三原、临潼、富平等九县农田共计 400 万亩以上。

水电站：利用外库水位与输水管（闸门）之间的水头（最大 40 米，最小 25.5 米），平均流量每秒 8 立方米，可提供动力 2000 ～ 3200 马力。

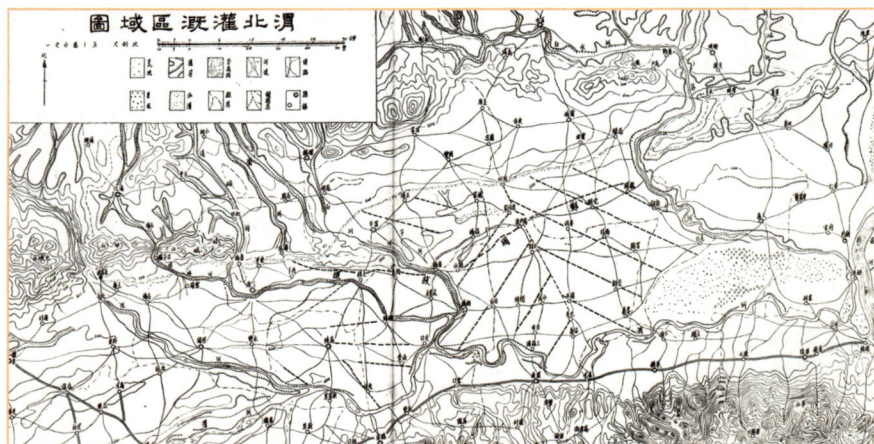

图 8-10　渭北灌溉区域图

这个方案实际是一个全面恢复郑国渠的计划，即使这个计划未能实施，但它始终是李仪祉心目中的最佳方案，以至直到临终，李仪祉仍对此有很多遗憾。

按此方案，共需资金 700 ～ 800 万元。

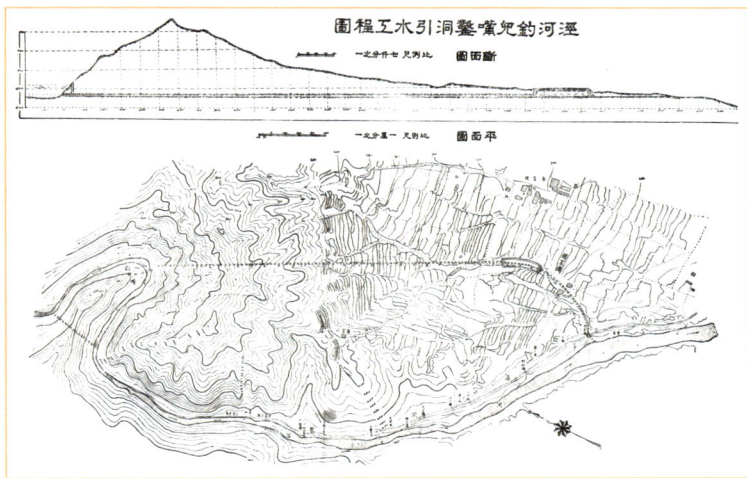

图 8-11 泾河钓儿嘴凿洞引水工程图

2. 乙种规划方案

乙种规划方案为低坝方案。《引泾第二期工程报告》中说："泾谷狭窄，高堰虽高，蓄水犹少，实不经济，故暂时放弃高堰计划，专事灌溉清河南区。"《报告》中提出两种低坝方案：

（1）拦河坝引水洞在钓儿嘴山洞之处，坝顶宽 4 米，长85 米，为欧基（ogee）式，坝顶高程 466.5 米，坝底最宽处18 米，最高处 15.5 米，引水洞长 2700 米，引水流量每秒 40立方米，兴建木梳湾水库（库容 1540 万立方米）和汉堤洞水

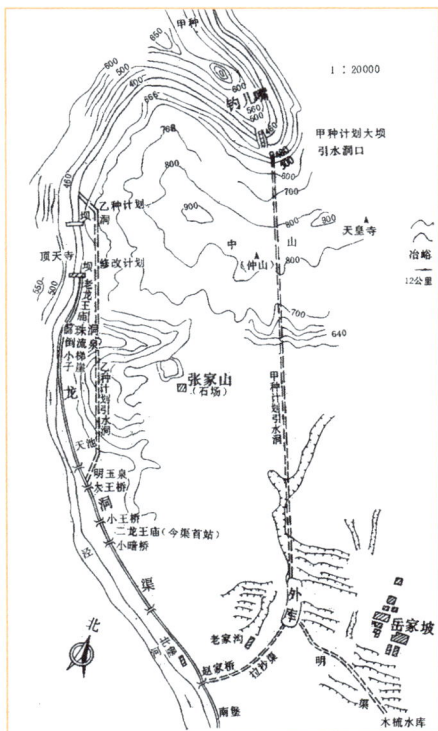

图 8-12 渭北灌溉规划方案图

库（库容 565 万立方米），计划灌溉面积 142 万亩。共需资金 194 万元。

（2）引水工程在旧广惠渠口之上游 300 米内，拦河坝在渠口之上 230 米，洞口在渠口之上 310 米，拦河坝顶高程 448.5 米，坝高 15 米，坝长 75 米。由广惠渠口至大王桥，开挖隧洞长 1550 米，引水流量每秒 40 立方米，规划灌溉面积 85 万亩，需资金 178 万元。

第三节　引泾灌溉规划方案的流产

除了勘测和编制引泾规划外，李仪祉将大量的精力用在了争取军政各界以及国际组织（尤其是华洋义赈会）的理解和资金支持上。他把引泾工程规划做成模型、照片、图表，在西安亮宝楼举办展览，广泛宣传，并在灌区各地巡回展出，进行动员。李仪祉先后写了《勘察泾谷报告书》《陕西渭北水利工程局引泾第二期报告书》《工程上的社会问题》等文章，为工程开工而奔走呼号。

1923 年的甲种报告书除了中文本以外，李仪祉还以自己个人的名义出版了一个比较简短的英文介绍（Report on the Wei-Peh Irrigation Work，Shensi）。小册子开头是刘镇华（陕西省督军和省长）、胡景翼（渭北水利工程董事会名誉会长）、田玉洁（润初）（渭北水利工程董事会会长）及李仪祉本人的正式照片。刘镇华佩戴着所有勋章，典型的军阀标准照，其他两名将军穿着军服，佩戴稍微简单一点，手握马刀；李仪祉则身着正式的墨黑西装礼服，而不是人们所熟悉的他穿着比较随便的中式衣服的样子。很显然，这本小册子是要把渭北项目置于当时互相对立的两派权力保护之下。更重要的一方面，这本印制精美的英文报告书的对象是外国人，即在北京与上海的那些慈善家，如果没有他们的资金支持，渭北水利工程项目根本就无法启动。

1924 年 7 月，鲁迅先生等十多位教授应西北大学的邀请赴西安讲学。当时和鲁迅先生同行的有北京师范大学历史系教授王桐龄、东南大学国文系教授陈镜凡、南开大学哲学系教授陈定谟，北京大学前理学院院长夏元瑮等学者。鲁迅先生感到当时河南人在陕西执政（陕西督军是刘镇华，河南人），所以西北大学校长傅铜（也是河南人）用钱很方便，请他们去讲学，花这么多钱，毫不在乎；可是有位陕西人李宜之是水利专家，想给陕西兴办水利，治理黄河之害，而上峰却不拨给经费，鲁迅先生对此颇表不满①。

1924 年 10 月 12 日，李仪祉在渭北水利工程局的董事会上做了一个讲话《我之引泾水利工程进行计划》。这个讲话反映了渭北项目在当时遇到了政治与资金两方面的障碍。

李仪祉说，经过两年的考察和准备，当务之急是尽快得到所需要的基金才能开始工作。资金来源有三个可能：

1. 当地百姓。事实上，在当地的募捐活动没有什么结果，老百姓太贫困了。

2. 省政府。可是省政府表示除非直接控制这个项目，否则便不给拨款。而渭北水利工程局主管李仲三强烈地反对由西安方面控制这个项目，这让李仪祉非常为难。

3. 外国人。华洋义赈会已派人考察过引泾项目，表现出很大的热情，但是他们提出条件：省里应当解决一半开支，外方贷款一定要有担保。省长和省议会应对偿还贷款签字负责，但是省里

---

① 孙伏园《鲁迅和易俗社》，1962 年 8 月 14 日《人民日报》。

一直没有派人到北京与华洋义赈会进行协商谈判，外国人因此对陕西省不信任。地方军阀竞争混战，如果省长不先拨款，显示出省里完成这个项目的决心，外国人理所当然不会受任何方面的约束。

李仪祉在引用了一条西方谚语"天助自助之人"之后，又无奈地引用了一句俗语"死狗扶不上墙"来表达自己心中的不满。他认为除了华洋义赈会承诺的一半贷款外，陕西省应承担的另一半经费应当通过发行"水利公债"来收集总额的 60%，该款的另外 40% 则可在灌溉规划涉及的相关各县募捐。李仪祉说，他已经与省当局讨论了贷款及其规定的细节，陕西省政府不久就会将情况公布出来。

另一个问题是李仪祉与渭北水利工程局主管李仲三之间存在着矛盾。此时李仪祉是陕西省水利局局长，同时也是渭北水利工程局的总工程师。华洋义赈会考虑给予贷款，然而是有条件的，那就是必须由省政府负责这个项目，可是省政府并不愿将这个项目交给渭北水利工程局办理，只愿意把它交给省水利局来办，而渭北水利工程局主管李仲三强烈地反对这样的安排。因此，李仲三一直在北京活动，建议由北洋政府成立一个专门机构负责渭北水利工程项目，他自己在这个机构中担任地方的代表，从而实际控制这个项目，但他的游说最后未能成功。李仪祉清醒地知道，北京的北洋政府既无钱又无权，而承担淮河和运河修复等类似工程的机构也都没有产生出什么结果，解决资金还是必须从省里想办法。李仲三显然是不愿意让李仪祉全面负责这个项目，只是不得不依靠李仪祉解决技术问题。在筹款无望的情况下，李仲三本人最终不辞而别，径自离开了陕西，跟随胡景翼打仗去了。不久，李仲三从广东顺德来了一封信，要求渭北水利工程暂停，等他打完仗再回来筹款办理。显然，早在1924年，渭北水利工程局已经是名存实亡了。即使这样，李仪祉仍然没有放弃努力，希望在来年冬季用华洋义赈会的渭北考察基金的剩余款项开始施工，同时请求省政府将救灾基金拨给该项目。然后，可以用"水利公债"的钱来继续这个建设工程。

然而此后的事态发展使李仪祉的计划再次落空，原来至少在口头上表示支持渭北项目的两派军阀很快就打了起来。李仪祉在西安的上司、陕西督军刘镇华于1924年率军离开陕西，却在河南被胡景翼的部队击败，打乱了政治上相对稳定的局面。1924年，胡景翼病逝于开封，田玉洁则于1927年10月被宋哲元打败逃亡，1928年在湖北枣阳为红军所俘，一年后被杀。接下来又开始了政治混乱、国内战争以及连年的自然灾害，混乱持续了六年。

随着刘镇华的退场，李仪祉与省政府所安排的"水利公债"的计划，本来应当经省议会通过的，结果却最终流产。1925年，李仪祉派他的学生和助手须恺把他的规划方案带到北京，想从华洋义赈会那里争取到基金，但是没有结果。1925年冬天，李仪祉亲自从陕西旅行到北京、天津、南京和上海这些慈善机构总部所在的大城市，可他也没有能够成功。当他再次回到西安时，已经是一年以后了。

1925年，军阀吴佩孚、张作霖在日、美、英的支持下，向国民党发动进攻，刘镇华受吴佩孚的指示，与山西的阎锡山共谋合作，以"讨贼联军陕甘军总司令"的名义，纠其残部和河南土匪共10万军队，进军潼关，直指西安。当时国民军二军的李虎臣任陕西督办，驻守西安，兵少将寡，面对刘镇华的强大攻势，便向

图 8-13　杨虎城

驻守在三原县的第三军第三师师长杨虎城求援。杨虎城部入驻西安后，刘镇华在 1926 年 4 月包围了西安城，1926 年夏季刘镇华在西安十里铺扎营，从东、北、南三面围城。6 月上旬刘镇华下令烧毁城郊即将收获的麦田 10 万亩，燃烧达六七天之久，刘镇华还是攻城不下，城内军民饿死者达 5 万多人。杨虎城号召西安军民坚持到底："如若失败，破城之日，我即自戕于钟楼下，谢陕人。" 1926 年 10 月冯玉祥的国民联合军从内蒙古开入关中，与驻陕军队联合攻打刘镇华，11 月 17 日刘镇华撤退，西安解围。西安城被困达八个月之久，这便是近代史上有名的"二虎守长安"。在此期间，刘镇华的部队以及其他军阀到处行掠，附近诸县所受伤害格外惨重，例如地处龙洞灌溉系统中心的城市泾阳曾经多次被围困，其他许多县也都有同样的遭遇。

西安被困期间，李仪祉正在各地游说筹款，也无法回到西安，他是在围城结束以后才回到西安的。这时他的老同学于右任回到西安，担任驻陕总司令。李仪祉怀着最后的希望给于右任写了一个报告，在请求报告中提出了一个陕西的经济发展规划，从修复郑白渠开始，此外还有设立纺织厂、水泥厂，以及渭河通航等计划，其中包括各项数字与开支预算。这份文件的开头部分是文言，以呈文的文体叙述陕西人民历来所经受的种种苦难，悲叹当今的政治在全力以赴地制造革命的声势，却无人来关心怎样改进国家的生产力，减轻人民的痛苦。如果他为陕西的繁荣而奠定基础的计划得不到实施的话，那么孙中山先生的三民主义何时才能得以实现？李仪祉希望从罚款的收益当中拨出一百万元来实现渭北项目①，但是这个请求显然是被拒绝了。于右任很可能根本没有见到这个呈文，因为他很快就回到了南京政府。

李仪祉这时又发现了另外一个机会，那就是"庚子赔款"退款的项目。1908年，美国宣布退还"庚子赔款"的半数，1924年6月又退回余款，主要用来发展中国的教育文化事业。清华大学、河南大学、协和医院、协和医学院等都是"庚子赔款"退款的项目。随后，各国纷纷效仿美国，向中国退还赔款，用于中国教育和文化交流事业。其中荷兰在1926年将"庚子赔款"全部还给中国，但明确指定用于水利事业65%，文化事业35%，这大概让李仪祉看到了希望，因此他撰写了《请拨庚子赔款以兴陕西引泾水利说帖》一文。或许是荷兰"庚子赔款"退款刚刚启动，北洋政府对项目的落实尚无方案，或许是其他什么原因，总之，李仪祉的最后努力仍无下文。

李仪祉在绝望中拒绝继续担任陕西省建设厅厅长的职务，因为这对于渭北项目的开工起不了任何作用。最后他离开陕西，到上海港务局任局长，接着又到南京第四中山大学②出任教授，冬季又改就重庆市政府工程师，修筑成渝公路。李仪祉奔波于长江上下，却始终不忘引泾工程。他在给赵宝珊（玉玺）③的信中写道："弟

---

① 李仪祉：《请恢复郑白渠设水力纺织厂渭北水泥厂恢复沟洫与防止沟壑扩展及渭河通航事宜》。

② 河海工科大学此时已经并入第四中山大学，成为该校的工学院土木系。

③ 赵宝山与赵宝珊（玉玺）可能是同一个人。

自十一年（公元 1922 年）回陕，乡人之属望愈切，弟心神之苦痛愈甚，荏苒光阴，去我如矢，前后五年，终无一事可以慰告乡民者。去春冯公（冯玉祥）来，注意郑渠。弟行谷口，适有乡中父老，谓庆云时雨，不日可期。无如时期未至，终为画饼。于是弟羞见父老。"接着又陈述了他的希望："陕西父母之邦，弟何爱于涂山，遂忘泾渭？唯亦既言之矣，无面见渭北人民也。果当局有兴工之决心，聚集可靠之经费，弟亦不再愿为局长，但畀以工头之职，畚锸迳施，弟即奋然归矣。"

　　1927 年 11 月宋哲元任陕西省主席，曾与北平华洋义赈救灾总会有过接触，但引泾工程仍未能取得实质性进展。

第九章　泾惠渠的建设过程

李仪祉离开陕西以后，引泾工程的基础工作并没有停止。据王晓斌[1]研究，1928 年 8 月陕西水利局印《引泾初步》共六页文字说明，并附 1/30000《引泾初步计划略图》一张。9 月 14 日民国陕西省建设厅水利局局长张钟灵、建设厅技士蔡维荣赴北屯镇测量引泾一期渠线，测量工作从 9 月 16 日开始，10 月 8 日完成。进行了道线测量、水准测量、地形测量、水事测量。携带仪器有经纬仪、水准仪、流速仪，仪器操作的主要人员是蔡绍仲，9 月 23 日测得泾河流量 8.325 立方米每秒。

1928 年至 1930 年，陕西连续遭受三年大旱。这场特大的自然灾害，在中国以及世界的历史上都是罕见的。据文献记载，有 250 万人活活饿死，40 万人逃到外省觅食求生，转于沟壑，800 多万人以树皮、草根、观音土果腹，而当时陕西全省人口也不过 940 万。其中在旱灾发生的同时，又有风灾、雹灾、虫灾、火灾、兵匪之灾和瘟疫一起袭来，关中、陕北霍乱流行，因霍乱死亡人口达 13 万之多。全省 92 县尽成灾区，赤地千里，饿殍载道，甚至出现了

---

[1] 王晓斌，中国水利学会水利史与水利遗产专业委员会第七届委员，西安水文水资源勘测中心高级工程师。他曾经在郑国渠附近工作多年，担任过泾河张家山水文站站长，专注水文史研究。本书的一些基础资料就得益于王晓斌的帮助。他和本书作者几乎同时发现和翻译了挪威工程师安立森的《老龙王河》一书。

人相食的悲惨场景。

民国十七年（公元 1928 年）成立了"陕西省救灾委员会"，民国十八年（公元 1929 年）南京政府成立全国赈灾委员会，主席是曾任过北洋政府内阁总理的许世英。由于陕西的灾情特别严重，引起了全国上下的重视，民国十八年 9 月，全国赈灾委员会派出以田杰生为代表的"西北灾情视察团"赴陕。民国十八年 9 月 9 日，视察团抵达西安，省赈务会（即原省救灾委员会）主席、民政厅厅长邓长耀，教育厅厅长黄统，西安市市长萧振瀛，省赈务会常务委员杨仁天等在钟楼上接待了视察团全体人员，邓长耀、黄统讲述了陕西灾情奇重的情况，希望视察团把这里的灾情电告全国。

田杰生在西安周围视察灾情后，决定留在西安，与西安报界组建"陕西灾情通讯社"，通报灾情，发起赈灾募捐，救济灾民。

由于省内外众多绅士学人的呼吁和宣传，全国不少政府机关、民间团体及个人纷纷捐款捐物支援陕西赈灾工作。至民国十九年（公元 1930 年）1 月，共收到赈款 1489500 元，其中南京政府、全国赈灾委员会、冯玉祥、于右任、胡次珊、宋哲元诸先生及上海红十字会、北平世界红卍字会等慈善团体都捐了大量的款项。此外，还收到了几乎是全国各地零星募捐来的款项 37700 多元。但是购买粮食，交通运输极为困难，一石米要花十石米的运费，只能从上海、徐州、蚌埠、丰台等地运回少量粮食，对陕西的救灾几乎无补。

第一节 泾惠渠第一期的建设过程

造成陕西大灾的根本原因：一是政治腐败和战乱不已。民国以来，三秦境内兵匪战事接连不断，民国十五年（公元1926年）西安围城刚解，民众尚未恢复元气，又适旱灾，雪上加霜。于右任1931年1月19日在南京国民党中央党部总理纪念周上的报告指出："自民国开国后，不论北洋军阀势力如何顽强，但南有粤、而北有陕，革命之势力总时时与军阀奋斗，总理所倡导之义举，陕西亦无投不从，当时在南方则地方富庶，尚有华侨供给，在北方则无一可恃。粮也要穷百姓供给，草也要穷百姓供给，军中一物一事，无不要穷百姓的血汗钱，故地方已精疲力尽。"二是水利失修，农业凋敝。当时李仪祉面对陕西大旱惊呼："移粟移民非救灾之道，亦非长治之策，郑白之沃，衣食之源也。"

就在陕西危难之时，杨虎城下决心恢复引泾工程，给李仪祉的规划带来了新的希望。杨虎城（公元1893—1949年）是国民党的著名爱国将领，早年参加辛亥革命，1917年任陕西靖国军第五路司令，1924年任国民军第三军第三师师长。1927年杨虎城参加国民革命军，1929年任国民军第十七路军总指挥。1930年10月，杨虎城出任陕西省政府主席。11月14日，杨虎城致电南京国民政府请求拨款救灾，其中提到工赈项目包括导渭、开渠、筑路、掘井，以及引泾工程等，共需款360万元。11月15日，杨虎城向南京政府和国民党三届四中全会为民请命，要求拨款赈济灾民和兴修水利。同一天，杨虎城发表《告各界政见书》。11月26日，杨虎城发表《政见商榷书》，这两部文献全面阐述了省政府八项施政计划，并把水利救灾列入第六项之中。

杨虎城任陕西省政府主席后，选择了自己的老朋友、中共地下党员南汉宸做陕西省政府秘书长。南汉宸工作能力极强，他极力推行新政，使得陕西的政治局面在短时间内就焕然一新。杨虎城将省政府的一般事务都交给南汉宸全权负责，甚至一些重要的人事任免也可由他决定，因此，当时人们都说陕西省政府是秘书长专政。

图 9-1　南汉宸

在推进引泾工程上马和邀请李仪祉回陕西任职等方面，南汉宸都是积极的推进者。从 1930 至 1933 年间，陕西省政府曾多次开会专门研究引泾工程和其他水利问题，南汉宸作为省政府秘书长是功不可没的。

1930 年 11 月 25 日，杨虎城发电报给在南京的李仪祉，邀请他再次回到陕西，任省政府委员兼建设厅厅长，主持引泾工程。然而此时的李仪祉已成为中国水利界乃至整个土木工程界的翘楚，他任导淮委员会委员兼总工程师，又兼浙江省建设厅顾问，正在主持设计钱塘江工程。杨虎城向蒋介石面陈，又几经周折，才使李仪祉辞掉要职，于 1930 年冬再次回到陕西，此时距离他第一次回陕西已相隔了八年之久。

此时华洋义赈会的态度也发生了很大变化，这或许和李仪祉多年的不懈努力有关。当年塔德并没有把李仪祉当作专家看待，此时却不能不刮目相待了。华洋义赈会将以前一直坚持的贷款方式改为直接捐款、直接参与工程建设，这就大大推动了工程的进展。

在陕西灾荒最严重之时，华洋义赈会任命贝克（John Earl Baker）为 1930 年的赈灾行动主任（director of relief operations）。贝克从 1916 年以后大部分时间都住在中国，是美国在中国救灾最有经验的专家之一。他于 1930 年 6 月至 9 月亲自奔赴陕西，在他的中国助手及自愿而来的西方传教士的协助下，做过一段时间的救灾工作。贝克积极主张通过大型工赈项目来帮助灾民，同时也可以抵御未来的灾害。

1930 年 9 月，曾在美国受过教育的挪威工程师安立森（Sigurd Ellassen）被调到渭北工地，此前他在绥远萨拉齐（现内蒙古自治区土默特右旗）的民生渠担任工程师。他来考察泾阳和三原地区，并对工程进行前期的准备工作。

图 9-2　安立森在泾惠渠坝址上游的河谷中考察

塔德于 11 月 4 日抵达西安，他原有的两辆车在潼关被国民党军队劫走，5 日他去商讨归还车辆的事项，晚上即被杨虎城请去吃饭。华洋义赈会指派塔德为项目的现场指挥，安立森为"驻地工程师"（resident engineer）。在这期间，贝克已经在与朱庆澜将军

（佛教华北慈联会委员长）协商运送水泥的事宜。

引泾工程因经费有限，最后按乙种规划的第二方案（最小、最省钱的方案）变通执行，变通之后的方案更小，远没有达到李仪祉当初的设想。双方商定，陕西省政府筹集资金40万元，北平华洋义赈救灾总会捐义款40万元，美国檀香山华侨捐献15万大洋，华北慈联委员会委员长朱子桥先生捐献水泥2万袋，为引泾工程开工创造了条件。

施工按筹款来源分工负责：由北平华洋义赈救灾总会组成渭北引泾工程处，负责渠首枢纽和王桥镇以上的总干渠工程，以塔德为总工程师。安立森为常驻工程师：由陕西省政府组成渭北水利工程处，负责王桥镇以下总干渠，南、北干渠和第三支渠等工程，以李仪祉为总工程师，孙绍宗为副总工程师，陈靖任测量队队长。为协调渠首枢纽工程和渠道工程顺利进行，民国二十年（公元1931年）成立以陕西省政府及中国华洋义赈救灾总会合组的渭北水利工程委员会，以颜惠庆、杨虎城为名誉委员，李仪祉、李百龄、塔德为委员，负责统筹建设施工。

引泾工程于民国十九年（公元1930年）冬季开工，12月7日在泾阳县张家山筛珠洞口由李仪祉主持举行了隆重的开工典礼，陕西省政府主席杨虎城，陆军第十七师师长孙蔚如，华北慈联会委员长朱子桥，北平华洋义赈救灾总会工程师安立森等政府大员、水利政要，三原、泾阳、高陵、临潼、醴泉诸县代表，十七路军官兵及当地群众约数千人聚会。杨虎城讲话说："刚才听各位先生说，引泾开渠，因兄弟赞助，方能够有今日的开工。这话兄弟觉得非常惭愧，因兴办陕西水利，是陕西省政府应负的责任。现省政府没力量，转请华洋义赈会办理，真有一点说不过去"，"兄弟是陕西人，对故乡是休戚与共的"，"现在回到了陕西，诸事便不能诿之别人，所以便尽力地来兴办，为同胞谋利益"。

图9-3 渭北水利工程处遗址

（遗址位于陕西省泾阳县王桥镇社树村，占地1398平方米，建筑面积744平方米，距离李仪祉墓园1.2千米，现存二门、两厢和大厅。）

1930年12月23日，杨虎城主持陕西省政府第一次政务会议，将渭北水利工程列为重要议案并作出多项决定。李仪祉对此深受感动，他对同事说："我于1922年任陕西省水利局局长时，即将渭北水利工程勘测设计竣事，后因战乱频仍，无力兴修，几任省长都答应过，但都因不够重视而落空。这次，杨主席已决定先拨50万大洋兴修这项工程，并说必要时，再派一师军队去做工。他很想给地方上做些事，态度热情诚恳，这在军人中是极少见的，也是很难得的。"

在实际施工期间，塔德几乎没有出现在工地，在工程上段，外方的现场技术人员是以安立森为首负责施工的。李仪祉因为身兼许多职务，也不可能长期驻守工地，因此中方的现场技术人员是以孙绍宗为首负责施工的。李仪祉曾明确表示："下段工程，余全委之门人孙绳斋工程师为之。绳斋经验丰富，设计缜密，任事不辞劳怨，工程界不可多得之人才也。"[1]

为了配合施工建设，恢复了水文测验，当时在水磨桥南设河渠断面，从1930年10月开始实测泾河及龙洞渠的水位、流量与含沙量，但完善的记录自1932年1月浮标测流开始。该断面当时称水磨桥站，1954年黄委会资料整编统一称为张家山站。1952年6月从该断面下迁至赵家沟，但至今一直称为张家山站。

图9-4　张家山水文站测验断面与水尺

渠首工程采用现代化方式施工，自备火力发电，解决照明，爆破开石，风钻开凿隧道，轻便铁轨运料出渣。渠道土方工程，按乡村组织施工，划段包干，工程处负责质量监督和验收，按土方付钱，工程施工与管理井井有条。但是，因为修渠时拆庙、拆房，占用良田、祖坟，一些土豪劣绅煽动不明真相的群众闹事，影响

---

[1] 李仪祉《引泾水利工程之前因与其进行之近况》，1931年。

工程进展。李仪祉亲赴泾阳县召集县长、区长开会，邀请泾阳著名绅士周仲笃、何惠轩、柏厚甫等参加。会上，李仪祉慷慨陈词，申明大义，以正压

图 9-5　泾惠渠施工现场

邪，将聚众闹事的汉头区区长绳之以法，排除了施工的干扰。

根据塔德的记载，引泾渠首工程几乎是 5000 名工人集中在最繁忙的那几个月人工完成的。除此以外，利用英格索尔—兰德空气压缩机和四个风钻穿过坚硬的岩石，不分昼夜用了将近三个月时间，开凿了 1300 英尺（约 396 米）隧洞、一段 1 英里（1.61 千米）长的石渠，其中的短隧洞都是手工开凿完成的。工人们多数来自北平西北部的张家口，他们曾在北平至绥远铁路上施工过，还有少数工人来自河南，他们在陇海铁路开凿过许多隧道。由于在这项工程开始之前，陕西省还没有修建过铁路，有开凿岩石工作经验的人也很少。陕西的交通很不发达，空压机需要从 180 英里（289.7 千米）外陇海铁路终点站灵宝通过陆路运输而来。由于中国缺乏设备，尤

图 9-6　总干渠仍然是古代的石渠

其是空压机，早在 1930 年 12 月下旬就用电报在美国订购，并于 1931 年 2 月底到达中国。为了方便运输，事先修建了一条 30 英里（48.3 千米）长通向铁路主干道的专用道路，最后从火车站将压缩机拆开后，装入两辆卡车，经过三天时间运输到引泾工地，这项工作在中国很特别。除了空压机，在泾河拦河坝基础修建中还使用了一台 8 马力的煤油离心泵抽水机。除此之外，还准备了很多镐、铲、手推车和人工吊装设备，施工中混凝土搅拌全都是人工完成的。

图 9-7　泾惠渠大坝

图 9-8　泾惠渠主干渠引水洞

图 9-9　民国时期泾惠渠主干渠

图 9-10　泾惠渠两仪闸
泾惠渠总干渠至此为终，分水向南北流灌

经过两年多的紧张施工，引泾主体工程于 1932 年 6 月完工。在明代广惠渠口上游峡谷建成混凝土拦河大坝一座，大坝中心由乱石填充，外侧混凝土层厚 1 米，总体积 4413.6 立方米，坝高 9.2

米，坝长 68 米，大坝被命名为"檀香山坝"[1]，以纪念檀香山华侨捐款的善举。大坝的东端留有两个冲刷口，以冲刷进水闸前的淤泥。在泾河左岸建成引水洞，全长 359 米，洞口明渠长 25 米，引水洞断面面积 14.82 平方米。入洞之口分为三孔引水闸，每孔高 1.75 米，宽 1.5 米，总过水断面 7.87 平方米。并扩大了隧洞，延长了总长度 359 米的一号洞，拓宽了 1520 米长的旧石渠，以前平均宽度不足 2.5 米，现在扩展到 6 米。石渠以下的土渠，经裁弯取直后，长 3700 米，深 20 米，增建了节制闸和退水闸，所有闸门都安装了手摇或机械启闭设施。

图 9-11　泾惠渠宝峰寺渡槽

图 9-12　泾惠渠赵家沟退水闸

渠道工程首先拓宽旧石渠，完成了总干渠和南干渠、北干渠。

总干渠：上段上接石渠，下接王桥镇西，长 6.15 千米，其中由石渠至木梳湾段，为黄土及砾石结合地带，旧渠狭窄曲折，且

---

① 由于翻译的不同，也称"火奴鲁鲁堰"。

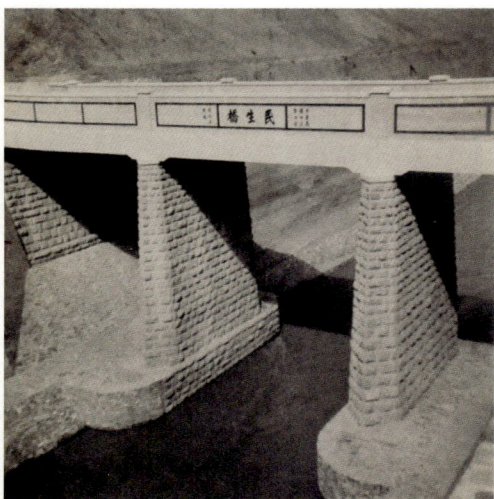

图 9-13　民生桥

受泾河浸刷，危及渠身安全。进行裁弯取直，长 3.7 千米，穿过黄土台塬，采取深挖方施工，深度 20 米，土方量 56 万立方米，渠身超过 8 米者，于高出渠底 3 米处两侧设戗台，宽度 2 米，戗台以上进行削坡，以保证边坡稳定。总干渠下段，自王桥镇西至社树两仪闸，长 3.43 千米，为旧渠拓宽，连同总干渠上段 6.15 千米，共长 9.58 千米。

　　总干渠上段由于靠近山前区域，因而直接面临着山洪的威胁。每逢汛期暴雨，山洪来势凶猛，很容易威胁到总干渠的安全。为了保护渠道，当年在行洪的天然沟道与渠身的相交处，建造了十座排洪渡桥。这十座桥梁都是用石料或混凝土建造的，其中最大的两座是民生桥和朱子桥，直到现在还在正常运行。这十座桥梁主要用于汛期行洪，平时也可用于正常交通。

图 9-14　朱子桥

　　南干渠：两仪闸以下分为南、北干渠，南干渠由两仪闸向东开新渠，经泾阳县以北东行，经磨子桥分水闸至高陵县西南彭李分水闸，以下再分为两条支渠，即六支渠（北五渠）和七支渠。六支渠沿旧高望渠东行至临潼县雨金镇东南入渭河，七支渠在钓鱼寨退入渭河。磨子桥分水闸向东为五支渠（北四渠），到生王村设闸分出四支渠（北二渠），向东南转东，经陂西镇、徐杨村以北向东退入清河；五支渠继续向东利用旧中白渠下游渠道，经高陵县北、药惠村南、栎阳镇北东行至吴家村退入石川河。

总干渠下段和南干渠共计建成桥梁 54 座、涵洞 2 座、跌水 11 座、渡槽 3 座、分水闸 3 座、斗门 30 座。

北干渠：自两仪闸以下至汉堤洞分水闸，长 17 千米，闸下分三条支渠：一支渠（原北干渠）利用北限渠，东行穿三原县城，至圪塔雷入清河；二支渠（北一渠）东北行到三原县城南，由老龙潭转入三支渠；三支渠（原中白渠）沿旧渠中限东至杨梧村北弃故道，东北行到王店村退入清河。北干渠及一、三支渠，共计建成桥梁 70 座，涵洞 2 座，跌水 5 座，分水闸 1 座，斗门 47 座。

1932 年渠首引水工程及总干渠，南、北干渠及第三支渠土渠工程告竣，并经 4 月 6 日陕西省政府委员会谈话会议公定，命名为"泾惠渠"。杨虎城、于右任、许世英^① 等都为泾惠渠题词。

进入 6 月份以后，各界代表陆续来到西安。6 月 19 日，泾惠渠放水典礼筹委会在西安易俗社举行文艺晚会，欢迎中外来宾，李仪祉代表杨虎城主持并致欢迎词。

---

① 许世英（公元 1873—1964 年），字俊人，又作静仁，晚号双溪老人。曾任过福建、安徽省省长，北洋政府内阁总理。中日战争期间出任驻日全权大使，后在国民政府中长期担任赈灾和蒙藏委员会委员长。

图9-15　杨虎城题字　　　图9-16　于右任题词　　　图9-17　许世英题词

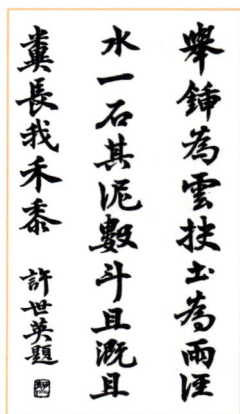

同年6月20日，在泾惠渠渠首举行了规模盛大、仪式隆重的泾惠渠放水典礼，参加放水典礼的国民党中央党部代表吴稚晖，南京国民政府代表褚民谊，陕西省政府主席杨虎城的代表，总工程师李仪祉，特邀代表朱子桥、艾德敷、贝克、陈福田（檀香山华侨代表），华洋义赈总会塔德，施工人员和陕西各界以及灌区各县代表等数千人参加大会。李仪祉向大会说明："杨主席因病未来，要说的话业已印出。"印发李仪祉《对渭北人民切切实实说几句

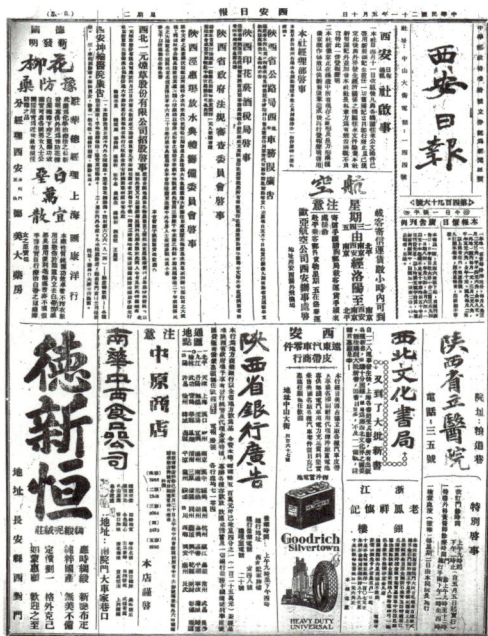

图9-18　1932年5月10日的《西安日报》
（1932年5月至6月西安的报纸连续发表公告，宣传即将举行的泾惠渠放水典礼）

话》《泾惠渠管理管见》及《泾惠渠管理章程拟议》等文。

同一天，《西安日报》刊发了整整三个版面的"泾惠渠放水典礼特刊"，全文刊登了杨虎城在泾惠渠放水典礼大会上的书面讲话。特刊上有杨虎城题词"万世之利"，李仪祉题词"愿同胞爱惜此水，爱惜此渠工"，中共地下党员、当时的陕西省政府秘书长南汉宸题词"欲谋农业发展先兴水利"。此外，在特刊上发表题词的还有吴稚晖、褚民谊、赵首钰、胡逸民、王一山、李志刚、韩光琦、李百龄等。发表贺词的有刘峙、贝克、艾德敷，以及中国水利工程学会、华北水利委员会、中国科学社等团体。

图9-19　1932年6月20日的《西安日报》"泾惠渠放水典礼特刊"共三版

6月24日，杨虎城主持陕西省政府第104次政务会议，通过《泾惠渠临时管理办法》，决定再接济引泾工程款1.2万元；批准将前购渭北棉产试验场的地亩拨归渭北水利工程处，设立泾惠渠苗圃及泾惠渠农棉试验场。

6月25日，杨虎城主持陕西省政府临时政务会议，议决设立陕西省水利局。此后，李仪祉辞去建设厅厅长职务，专任陕西省水利局局长。

6月30日，杨虎城宴请华洋义赈会工程师安立森，感谢他对泾惠渠建设所做的贡献。

第二节　泾惠渠第二期的建设

然而引泾工程也暴露了不少问题，由于1931年多地发生了旱灾，使得陕西省政府没有完成它在项目中所承担的那部分任务，原因是它曾经保证的40万元实际上没有足额兑现。从一期工程结束后的报告中可以看到，外方华洋义赈会的总支出为68万多元，而中方渭北水利工程处的总支出仅为26万多元（陕西省建设厅拨付的经费共28.35万元）。显然，省政府的资金没有足额到位[①]。李仪祉对此也很无奈，不好直接指责政府，只好用充分肯定华洋义赈会的方式来发出声音："华洋义赈总会、华北慈善联合会及檀香山华侨，于泾惠渠最有功德，应永远延之为顾问团体，并请求常派专家指导，襄助本省农工业之发展。"[②] 在这种情况下，引泾工程不得不开始筹划亡羊补牢式的第二期工程。

即使有许多不足，但泾惠渠第一期工程还是给人们带来了希望，放水当年，就增产小米50万石。

1932年8月9日，杨虎城主持陕西省政府第109次政务会议，通过了省政府委员、水利局局长李仪祉关于"准本年秋收之后向泾惠渠已经灌溉各地亩按亩征收水捐""准于本年农暇后征用民工开泾惠渠大支渠""请给水利局开办费银800元"等提案。事实上已将泾惠渠第二期工程提上了议事日程。

① 《泾惠渠管理管见》。
② 《泾惠渠工程报告》（1932年8月）。

11 月 11 日，杨虎城主持召开陕西省政府委员谈话会，提议再由省政府为渭北水利工程担负修建费 19 万元。

1932 年秋，应李仪祉召唤，刘钟瑞再次入陕，参与泾惠渠工程建设。

在泾惠渠一期工程完工，完成当年放水灌溉的任务后，就开始着手测量，筹备二期工程。二期工程的主要内容为：

1. 修补拦河坝缺口。

2. 在总干渠引水口下游两千米处，修建引水闸和退水闸。

3. 完成北一、北二、北四、北五、南一等支渠。

4. 建筑各干支渠分水斗门。

5. 改善南干渠尾间退水坡。

关于泾惠渠建设的经费，中外双方记载的数字有差异，也有争论。华洋义赈会曾对陕西省经费到位不足颇有微词，但综合各项资料来分析，陕西省政府还是很尽力的，而且对华洋义赈会很友好。陕西省政府自身的财力不足也是事实，而南京中央政府的财政支持是泾惠渠在几乎全面完工的时候才参与进来的。因此，华洋义赈会是泾惠渠建设经费的主要投资者，这也是不容置疑的。1934 年 12 月，在泾惠渠全面完工以后，泾惠渠管理局提出了一份《泾惠渠报告书》，其中详细列举了几方的投资支出，这应该是比较完整的财务资料。根据这个报告，泾惠渠第一期工程上部由华洋义赈会承担，共支出 71 万余元（715656.97 元）；下部工程由陕西省政府承担，共支出 48 万余元（488643.59 元）。第二期工程陕西省政府共支出 3 万余元（37268 元）；北平华洋义赈会共支出 8 万余元（89523.62 元）；上海华洋义赈会共支出 4 万余元（46000 元）；全国经济委员会提供工程款为 24 万余元（248300

元）。如此看来，泾惠渠两期建设的总资金为 160 万元，其中方投资 75 万元，外方投资 85 万元。

泾惠渠二期工程，民国二十二年（公元 1933 年）开始施工，二十三年（公元 1934 年）完工。由北平和上海两市的华洋义赈会再次捐款 13.5 万元，国民政府全国经济委员会拨款 24.8 万元，资助兴建。此外，陕西省政府又筹款 3.7 万元，全部经费约为 42 万元。到 1935 年，灌溉系统开始全面操作，为保证渭北平原的粮食生产做出了极大贡献。华洋义赈会于 1935 年 5 月首次在西安召开年会，会议代表们亲临泾惠渠现场参观视察。

第二期工程主要是干支渠工程配套：一是裁弯取直开挖了 5 千米干渠；二是扩大了渠道断面，保证通过每秒 16 立方米的流量，年引水总量达到 1.6 亿立方米；三是统一调整了渠道比降；四是建设配套了七条支渠，全长 130 千米．配套共建各种建筑物 226 座；五是改善渠道水工建筑，由群众负担自建斗渠系统，斗门增至 317 座。至此，泾惠渠全部建成，灌地 60 万亩，使泾惠渠成为当时全国现代化、正规化灌溉工程的典范。此后 15 年，经过不断的整修、完善，1949 年底，灌溉面积扩大到 73 万亩，成为陕西省最大的灌区 [①]。

李仪祉建成泾惠渠后，十分重视灌溉管理，1934 年成立了泾惠渠管理局，任命孙绍宗为局长，刘钟瑞为主任工程师，管理局驻泾阳县。建立国家专管机构与群众基层水利管理组织相结合的管理体制，干支渠分段设水老，斗设斗长，村设渠保，分级管理。实行按亩计收水费，建立了科学用水和工程管护制度，并进行水文、

① 刘钟瑞《陕西省水利报告》，载《各解放区水利联席会议辑要》，已经收入《中国水利史典》综合三。

气象观测，开展作物灌溉试验，农民大为获益，泾惠渠灌区成了关中最富庶的地区。

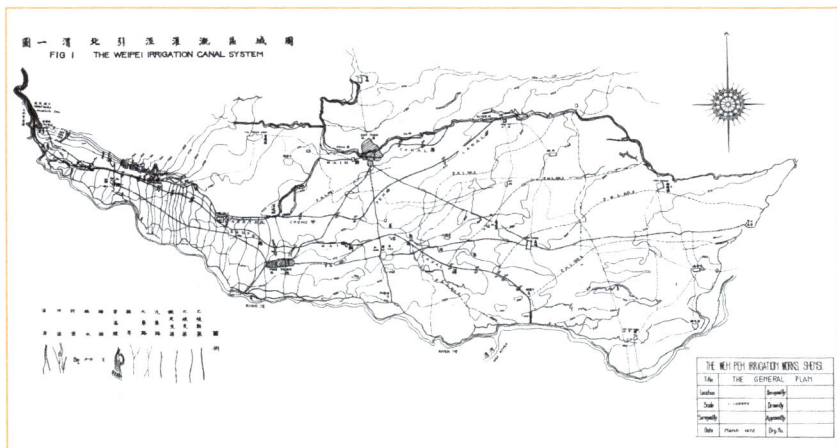

图 9-20　渭北引泾灌溉区域图

杨虎城将军抱着喜悦之情，写下了《泾惠渠颂并序》，比较全面地概括了泾惠渠建设的全过程，因而是一篇很重要的历史文献，全文如下：

陕西为天府之国，号称陆海，顾地势高燥，雨泽不均。自秦用郑国开渠，西迄谷口，循北山绝冶、清、漆、沮诸水，东注洛，溉田四万五千顷，关中始无凶岁，是为引泾利民之鼻祖。汉太始初，赵中大夫白公，以堰毁渠废，上移渠口，引泾东行，由栎阳入渭，改名白公渠，溉田四千五百顷。以今考之，郑多而夸，白少而实，自汉迄明，代有修改，皆以堰口毁坏而上移。清乾隆二年，以泾水毁堤淤渠，于大龙山洞中筑坝，拒泾引泉，改称龙洞渠，溉田减至七百余顷。清末渠身罅漏淤塞，溉田仅二百余顷，弃利于地，殊可惜也！

民国初建，临潼郭希仁与蒲城李仪祉，屡谋续郑白功，九年，

渭北大旱，富平胡笠僧等，复建议引泾，设立渭北水利工程局。十一年夏，仪祉回陕，长水利局兼渭北水利工程局总工程师，命其门人刘钟瑞、胡步川，组织测量队，测量泾河及渭北平原。继命须恺等设甲乙两种计划，并议借赈款施工，既以兵祸中止。十七年后陕复大饥，死亡无算，陕当道宋哲元与北平华洋义赈总会，义举引泾大工，卒未果。

迨虎城主陕西，复邀仪祉回陕，襄陕政兼长建设厅，由陕政府筹款四十万元，华洋义赈总会筹款四十万元为引泾工费，复得檀香山华侨捐款十五万元，朱子桥[①]先生捐水泥二万袋，中央政府拨助十万元[②]，合力开工，议遂定。于是义赈总会担任上部筑堰、凿洞、扩渠引水等工程，美人塔德任总工程师，挪威人安立森副之，陕政府担任下部开渠、设斗、建筑桥闸、跌水等分工程，仪祉任总工程师，门人孙绍宗副之。自十九年冬，至二十一年夏工始讫，即于是年六月中旬举行放水典礼，邀请海内外名流参观，颇极一时之盛。而渭北荒废之区，得以重沾膏润，人民欢呼，是为第一期工程。其后三年内，复赖北平华洋义赈总会与上海华洋义赈会及全国经济委员会资助，由泾惠渠管理局方面完成第二期工程，召刘钟瑞来陕襄工事，如修补拦河大堰，建筑引水退水闸，挖掘支渠，修理干渠，俾引水、分水工程臻于美善。管理方面，如保护渠道，改良用水及灌输农民灌溉常识，亦次第进行，至本年夏至，

① 朱庆澜（公元1874—1941年），字子桥。浙江山阴人，生于山东省长清县。因在北方长大，故有北人慷慨刚直的气质。曾任督军，人称朱将军。1925年脱离军政生涯，献身于社会救济事业，世以"赈灾将军"呼之。他对泾惠渠建设的贡献很大，因此泾惠渠灌区的一座桥就被命名为"朱子桥"。

② 在其他的正式文献中，没有见到这十万元的记载。这很可能是一种口头承诺，最后没有兑现。

溉田已增至六千余顷，将来计划定蓄水方法，人民用水得当，犹可浸润扩充，虽郑国陈迹不可复寻，而白公之泽则已恢复光大之矣。

颂曰：秦用郑国，开渠渭阳，关中以富，秦赖以强，越四百年，渠毁待修，汉白公起，媲美千秋。历宋元明，代有改筑，渠口上移，入于深谷，有清一代，利用山泉，改名龙洞，仅溉低田。鼎革以还，渠更淤漏，饥馑连年，莫之知救，追怀前迹，思继古人。郭胡倡始，李主维新，涉水登山，远逾谷口，计熟图详，丝毫不苟，筹借赈款，即待兴工，胡天不吊，适降兵凶，扰扰数年，庶政俱废，救死不暇，遑论灌溉，天心厌乱，寓赈于工，华洋集款，得竟全功。二十一年，六月中旬，放水盛典，中外观钦，自后三年，设管理局，渠道修护，朝夕督促，民享乐利，实泾之惠，肇始嘉名、流芳百世。

洛渭继起，八惠待兴，关中膏沃，资始于泾，秦人望云，而今始遂。年书大有，麦结两穗，忆昔秦人，谋食四方，今各归里，邑无流亡，忆昔士女，饥寒交迫，今渐庶富，有布有麦，秦俗好强，民族肇始，即富方谷，人知廉耻，登高自卑，行远自迩，复兴农村，此岂噐矣。

第三节　泾惠渠的示范效应及其影响

泾惠渠的建成给陕西和全国的水利界带来极大的震动，从而在全国的水利建设上起到了示范作用，它的影响一直延续了整个民国时期，甚至波及 1949 年以后。由于泾惠渠的示范作用，此后其他地方的水利工程经常被命名为"某惠渠"。同样由于泾惠渠的成功，南京国民政府开始重视水利，此后的陕西八惠和陕南三惠各渠的投资，基本都是由南京国民政府和陕西地方政府解决的。

到1949年底，除洛惠渠尚未完工外，李仪祉规划设想的"关中八惠"和"汉中三惠"共完成了十项。此外还有陕北的定惠渠和织女渠，以及陕甘宁边区的第一条长渠——裴庄渠等。

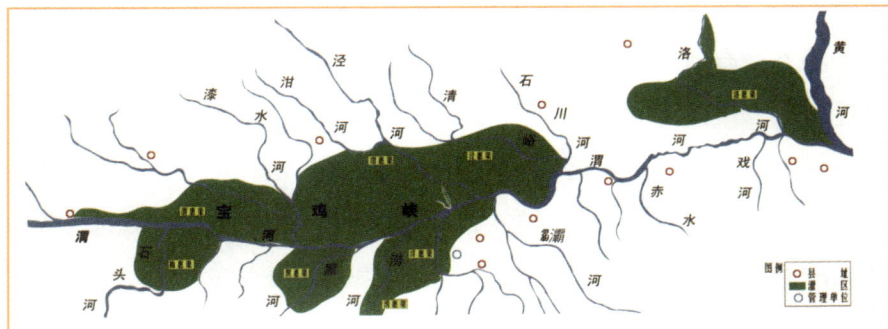

图9-21　"关中八惠"分布图

1. 带动了陕西省的灌溉事业

泾惠渠自民国十九年（公元1930年）10月动工兴建，民国二十一年（公元1932年）6月开始通水，民国二十四年（公元1935年）4月全部竣工。施工主要负责人有李仪祉、孙绍宗、塔德、安立森等，实际常驻工地的技术负责人是孙绍宗、安立森。泾惠渠的引水枢纽在泾阳县西北的张家山泾河谷口，泾河水自流入渠。实际上，泾河水自1932年6月便经由泾惠渠开始灌溉咸阳、西安和渭南三市的农田，泾惠渠全部完工后，1949年底，灌溉面积扩大到73万亩。近年来更扩大到设施灌溉面积145.3万亩，有效灌溉面积135.7万亩，其中自流灌溉面积112.25万亩，抽提渠水灌溉面积23.45万亩。这个区域中的农业人口超过了100万。

洛惠渠龙首坝于1934年3月25日正式开工。施工主要负责人有孙绍宗、陆士基、李奎顺等。4月，全国经济委员会常务委员宋子文到陕视察时，应允由中央拨款兴修洛惠渠，至民国二十四年（公元 1935 年）10 月大坝竣工。民国三十六年（公元 1947 年）9 月 9 日起试水。洛惠渠渠首工程位于澄城县洑头村洛河峡谷出口天然跃水 60 米处，洛河水由此流入渭北大荔、澄城、蒲城三县广袤的农田。到新中国成立初期，洛惠渠五号隧洞尚未完工，因此洛惠渠的整个建设周期跨越了两个政权，从 1949 年 11 月 6 日开始，人民政府对洛惠渠动工续建、完善配套，到 1950 年正式通水，当年便灌地 10 万亩。1952 年底扩大到 52 万亩，1960 年代又扩建了洛西灌区，至 1980 年，灌溉总面积达到 77.7 万亩。

图 9-22　洛惠渠大坝

图 9-23　洛惠渠屈里渡槽

渭惠渠渠首枢纽位于眉县城西北约 2 千米处，在渭河上筑坝引水。1935 年 3 月 1 日，陕西省政府成立渭惠渠工程处，省水利局局长李仪祉兼任处长。工程处向西安银行团贷款 150 万元，4 月正式开工修建渭惠渠，施工主要负责人有孙绍宗、陆士基、刘钟瑞等。该工程由眉县魏家堡引水，渠道长 177.80 千米，至民国二十六年（公元 1937 年）12 月全部完成，可灌眉县、扶风、武功、兴平、咸阳等县农田 60 万亩，共投资 230 万元。经民国二十九年（公元 1940 年）清丈队清丈，实际注册灌溉面积为 57.6 万亩。民国二十七年（公元 1938 年）1 月，渭惠渠工程处改为渭惠渠管理局，以刘钟瑞为局长，胡步川为主任工程师。大约一年后，刘钟瑞前

往陕南开辟新的工程，胡步川继任局长达十年之久。

渭惠渠竣工放水时，陕西省绥靖公署主任杨虎城题写碑记：

渭惠渠放水典礼志盛

清渭汤汤，导渭乌鼠。人定胜天，水利用普。

致力沟洫，功绍大禹。嘉惠无疆，美哉斯举。[①]

图 9-24　洛惠渠龙首坝碑

图 9-25　渭惠渠进水闸

图 9-26　渭惠渠第一次水老会议

---

① 此碑刻现保存在陕西省泾阳县陕西水利博物馆。

渭惠渠的建设与洛惠渠一样，也经历了两个政权。自 1949 年后，人民政府就没有停止对渭惠渠的续建、扩建。1968 年 11 月陕西省革命委员会决定成立工程指挥部，开始兴建宝鸡峡引渭工程，工程于 1971 年 7 月 15 日竣工。1975 年，渭惠渠灌区与宝鸡峡引渭灌区合并，渭惠渠定名为宝鸡峡引渭灌区原下总干渠，1995 年核定设施灌溉面积为 292.21 万亩。

沣惠渠于民国三十年（公元 1941 年）9 月开工，民国三十二年（公元 1943 年）5 月初步建成。1947 年 5 月，灌区引水渠道及渠道枢纽工程全部竣工投入使用。陕西省水利局设计，沣惠渠工程处施工，施工主要负责人有孙绍宗、刘增祺等。

沣惠渠渠首取水枢纽工程位于鄠县秦渡镇东南沣、潏河交汇处下游 150 米。渠首筑有砌石拦河溢流坝，坝长 133 米，高 1.5 米。坝右侧设冲沙闸两孔，每孔宽 2.5 米。有进水闸 5 孔，每孔宽 2.5 米，渠首设计引水流量为 11 立方米每秒，开干支渠 48 千米，计划灌溉鄠县、长安、咸阳农田 23 万亩。总干渠深 2.4 米，渠底宽 6 米，长 15.5 千米，由进水闸经沣惠、北张、细柳、普贤等村，在镐京的焦村南流入西安郊区，在漳浒寨分为两渠。总干渠在长安境内，一至八斗渠（六斗早废，

图 9-27　沣惠渠进水闸

（进水闸闸墩为石料筑成，闸门暂用木料并备有铁铸起重机械）

实用七条斗渠）灌长安县沣惠、细柳、义井、镐京等乡农田1.7万亩。七条斗渠共长17.87千米，现可利用的有6.7千米，1985年后因田间工程损坏严重，仅能灌田3000余亩。

梅惠渠创修于清康熙六年（公元1667年），建有东、西二渠，可灌田千余顷，为眉县知县梅遇督凿，故又名梅公渠。民国二十四年（公元1935年）重新整修，民国三十六年（公元1947年）完工。该工程由全国经济委员会投资，泾洛工程局主持修建，施工主要负责人为刘增祺。渠成后可灌溉面积89877.2亩。为纪念梅公之功绩，更渠名为"梅惠渠"。梅惠渠从眉县斜峪关拦截石头河筑坝，引石头河水，南起斜峪关，北至渭河，西达五丈原下，东到眉县金宁原。灌区南北长14千米，东西宽13千米。1952年经人民政府全面整修后，梅惠渠引水可灌岐、眉两县154000亩农田。梅惠渠现辖于石头河水库管理局。

黑惠渠位于周至县，引渭河南岸支流黑水，施工主要负责人为郑耀西。1942年4月，陕西黑惠渠竣工放水。该渠于1938年11月开工，从周至县黑峪口东岸原黄家堰口筑坝引黑河水8.5立方米每秒，其中东干渠4.1立方米每秒，西干渠4.4立方米每秒，干支渠共长55.7千米，计划灌溉周至县农田16万亩，共投资180万元法币。注册灌溉面积13.97万亩，实灌9.2万亩。

1943年2月，黑惠渠正式供水灌溉。3月1日陕西省黑惠渠灌溉管理局正式成立，张光廷任局长。1959年，周至县水电局组建了黑惠渠管理处。

泔惠渠位于醴泉县东北，民国三十三年（公元1944年）2月泔惠渠竣工。渠成引泾水支流泔水可灌醴泉农田3000余亩。施工主要负责人有汪云峰、杨荫田等。

　　涝惠渠位于陕西省西安市鄠邑区涝峪口，地处秦岭北麓，是在涝河西岸原有民堰的基础上扩大而修建起来的。民国二十九年（公元 1940 年）由原泾洛工程局两次勘测设计，后来设计方案被否定。民国三十二年（公元 1943 年）由陕西省水利局重新规划设计并开工重建，于民国三十六年（公元 1947 年）竣工，并成立陕西省涝惠渠管理局，引渭水支流涝水灌溉农田 8.5 万亩，施工主要负责人为郑耀西。1957 年更名为涝惠渠管理处。新中国成立后，随着工农业生产发展的需要，涝惠渠工程几经调整，目前工程设施有滚水坝 1 座、冲沙闸 2 孔、进水闸 3 孔、依山涵洞 862 米，各级渠道总长 55.63 千米，承担着向石井、天桥两乡镇 33 个建制村 2.5 万亩农田灌溉和惠安化工厂的供水任务。

　　汉惠渠在汉中勉县武侯镇以西高家泉筑坝，引汉水灌溉勉县、褒城农田。汉惠渠的设想是民国二十一年（公元 1932 年）李仪祉考察汉江流域时提出的。1937—1938 年，由陕西省水利局测量队与泾洛工程局设计测量队测量及勘定渠线，民国二十七年（公元 1938 年）12 月成立汉惠渠工程处，由总工程师孙绍宗、主任工程师刘钟瑞以及耿鸿枢等负责施工。1938 年 12 月动工，1942 年建成一期工程，当年灌溉达到 1.40 万亩，从而结束了"汉江不田"之局面。民国三十四年（公元 1945 年）6 月二期工程建成，至 1949 年灌溉面积为 6.27 万亩。

　　汉惠渠渠首设置于两

图 9-28　汉惠渠大坝现状

岸连山峡谷出口处，由滚水坝、泄沙闸和南、北干渠进水闸组成。坝身为欧几式浆砌石溢流坝。1949 年以后，经对渠首枢纽多次水毁修复改造和不断挖潜配套，以及在大坝右岸增加冲沙闸，西干渠增加渠首闸等，至 1995 年，除 1975 年划归石门灌区 2 万亩面积外，共灌溉陕西勉县 16 个乡（镇）7.54 万亩农田。灌区工程主要有引水枢纽、渠道、小水库、井站等。引水枢纽由拦河坝、进水闸和冲沙闸等组成。拦河坝位于勉县武侯镇西高家泉汉江出山口，坝身用片石砌心，料石砌面，白灰砂浆砌石，水泥砂浆勾缝。建成后，曾于 1949 年、1956 年两次被洪水严重冲毁，1957 年拆除旧坝，重建新坝，坝高 5.91 米，坝长 195.62 米，海漫降低 1.84 米，增建消力齿一道。进水闸分设于大坝左右两岸，左岸进水闸 3 孔，右岸 17 孔，闸宽 2.5 米，高 1.8 米，进水流量 12.2 立方米每秒。左右两岸各设冲沙闸 2 孔，闸宽 1 米，高 3.15 米，设闸房及启闭机。渠首大坝与三国故地阳平关、走马岭、张鲁城相距咫尺，现代惠民工程与古迹遗存相映生辉。现已辟为休闲度假名胜风景区。

汉惠渠北干渠引水闸——汉惠渠系在勉县武侯镇拦汉江筑坝引水灌溉汉江南江北西岸农田十余万亩。北干渠引水闸凡三孔，各宽二公尺五公寸

图 9-29 汉惠渠北干渠引水闸及闸门启闭机

褒惠渠是李仪祉倡导修筑的"汉中三惠"水利工程之一。1934 年，李仪祉先生两次来汉，察看褒河山河堰，看到山河堰设施简陋，易被冲毁，即作治理方案，拟建褒惠渠工程：1939 年 9 月成立褒

惠渠工程处，开始兴建，施工主要负责人为刘钟瑞。1942年5月完成大部分工程，同年6月5日举行放水典礼，当年灌溉农田0.56万公顷。到1949年，灌溉农田面积达0.85万公顷，占设计农田灌溉面积0.94万公顷的90.1%。1958年猛增到1.36万公顷。

褒惠渠渠首位于陕西汉中市汉台区河东店北1千米褒河谷口处。渠首由拦河坝、进水闸、冲刷闸、沉沙槽、排沙闸、引水渠闸组成。拦河坝为重力式浆砌石溢流坝，长35.3米，高6米，左岸设冲刷闸3孔，进水闸5孔，孔宽约2米。干渠沿褒河左岸与老山河堰引水口相交，渠尾入城固县段家沟，全长32.3千米，设计引水流量15立方米每秒。

1975年石门水库建成后，原褒惠渠作为石门水库灌区的南干渠，石门水电站尾水退入原褒惠渠渠首灌溉原老灌区面积。1977—1978年，原水电部第三工程局对原褒惠渠滚水坝进行改建，在原浆砌石坝顶增加2.0米厚钢筋砼，并在新坝顶安装橡胶坝袋。坝袋充水高2.5米，连同原坝共高7米，作为河床电站反调节池，有效容量38万立方米，灌溉渠系工程未变，后经改善引水流量增加到21.5立方米每秒，灌溉面积扩大到13万公顷。

图9-30　褒惠渠大坝及冲刷闸

图9-31　褒惠渠大坝现状

图 9-32　湑惠渠大坝现状

图 9-33　湑惠渠大坝附近一直保留着当年
为建坝而专设的石灰窑

湑惠渠灌区位于秦岭南麓汉中盆地东部，东至洋县溢水河，西临城固文川河，南接汉江，北靠秦岭南坡。是水利大师李仪祉先生倡导修建的"汉中三惠"之一，也是陕西省三大水稻灌区之一。灌区始建于 1942 年，1948 年 5 月建成投入运行。湑惠渠是以农业灌溉、防汛、抗旱、排涝为主兼有多座水库、泵站运行管理、水力发电的中型灌区。

灌区自 1948 年建成以来，党和政府高度重视水利建设，灌区不断发展，经过数次续建配套，干支渠得到延长加固，灌区获得扩灌增效。1967 年以前是竹笼堰坝，以后改为木框架装石片，1977 年以后改为浆砌石堰坝。1980 至 1981 年冲毁。1981 年冬天重建，用钢筋笼装石，铅丝网护面。目前灌区灌溉城固、洋县 8 镇 136 个建制村的 16.19 万亩农田。渠首分东西两条干渠引水，总长49.36千米，设计引水流量各12立方米每秒。支渠5条25.2千米，年引水量1.55亿立方米。

冷惠渠于民国三十二年（公元1943年）由陕西省水利局第二测量队进行勘测设计，冷惠渠工程处总工程师郝季厚、副总工程师房宝德等负责筹建，计划在汉中南郑县三华石筑坝引水，并将冷水河隆兴、芝枝、班公三堰纳入灌区，设计灌溉面积4万亩，但直到解放前并未开工。

1949年12月，陕西南郑县军管会接收冷惠渠工程处后，即决定拨出小麦525万斤进行续建。引水枢纽滚水坝改建在原三华石坝址以上100米处，坝长524米，高4.5米。进水闸东闸2孔，宽2.5米，设计引水流量8立方米每秒；进水西闸1孔，宽2.5米，设计引水流量3立方米每秒，东、西冲沙闸各2孔，均宽3米。1951年完成了引水枢纽及东、西干渠上段工程，当年灌田2.38万亩。1952年开展扩建工程，1953年灌溉面积扩大到3.24万亩。在之后的完善配套中，还相继建成110万立方米的小水库1座、抽水站14座、机井206眼。

至1995年，灌区有干渠2条，共长27.35千米，已全部衬砌；斗渠49条，共长76.4千米；分引渠343条，共长127.5千米，灌溉南郑、城固2县耕地4.5万亩。

定惠渠渠首位于陕西省榆林市横山县东南的赵石窑村。民国二十八年（公元1939年），陕北水利工程筹建处成立后，即着手于定惠渠的勘测事宜。几经勘测后，将坝址勘定于赵石窑以下的石鱼①上。定惠渠于民国三十年（公元1941年）春开工，三十二

---

① 赵石窑河床中间，有石隆起，水涸时形如鱼脊，被称为石鱼。

年（公元 1943 年）大部分工程完成。定惠渠自赵石窑起，横贯榆林县西南部，终止于米脂县马湖峪，蜿蜒三县，全长近 70 华里，沿渠可灌 12 村耕地一万余亩，工程费用 230 万元。后来几经扩建改造，定惠渠成为陕北地区最大的一条自流灌溉渠道，现全长 56.9 千米，渠首位于横山县白界乡赵石窑村的无定河干流上，渠首为有坝引水枢纽，设计引水量 7.0 立方米每秒，实际引水量 5.0 立方米每秒，年取水量 7780 万立方米，年用水量 4320 万立方米，灌溉横山、榆阳、米脂三县（区）3.8 万亩耕地。

织女渠位于陕西省榆林市南部，引无定河水到米脂、绥德两县境内。民国二十五年（公元 1936 年）由李仪祉先生带队来米脂县对无定河进行勘测，制定修渠方案，民国二十六年（公元 1937 年）8 月开工修建，省水利局工程师李维第率技术人员来米脂指导施工，民国二十八年（公元 1939 年）建成通水。自榆林五里沟开渠引无定河水 1 立方米每秒，至米脂县织女庙对岸开始灌溉榆林、米脂、绥德三县农田，放水后当年灌溉农田 9499 亩。因当地有郭子仪七夕逢织女星的传说及织女庙，经李仪祉提议，此渠命名为织女渠。1940 年以后，随着工农业生产发展的需要，织女渠先后 8 次维修改善，干渠向南延伸至绥德四十铺镇延家岔止，支渠修建了东一支渠、东二支渠、东三支渠。目前工程设施有滚水坝 1 座、进水闸及冲沙闸各 2 孔、涵洞 5 处、暗渠 7 处、倒虹 1 处、渡槽 7 座、斗门 7 座、丁坝 7 座，干渠总长 35.7 千米，支渠总长 46 千米，承担着米脂、绥德两县 2.5 万亩（因修铁路、高速路等占地，已缩减为 1.5 万亩）农田的灌溉任务。

1940 年 4 月 19 日，陕甘宁边区第一条长渠——裴庄渠修筑竣工并开始放水。该渠全长 6 千米，经延安庙嘴沟、磨家湾、枣园、侯家沟到杨家崖，可浇地 1400 亩。

2. 对周边省份的影响

民国二十一年（公元 1932 年），太原绥靖公署主任阎锡山派军队到五原、临河等地实行"绥西屯垦"，在此后几年举办不少屯垦水利，由水利技术人员王文景主持先后开挖了川惠渠、华惠渠、百川渠（新华渠）和改建乐善堂渠（西乐渠）等，阎锡山还对达拉特旗沿河地区也实行军垦，兴修水利。

1935 年 10 月甘肃引洮灌溉工程洮惠渠开工，渠道由受益户出工承担。洮惠渠又名民生渠，系自甘肃临洮县大户李家村引洮河水的灌溉工程，由全国经济委员会水利处在临洮设立工务所负责施工，于 1936 年 8 月 15 日竣工放水，渠长 28.3 千米，可灌农田 2.7 万亩，共投资 25.4 万元。该工程为甘肃省首创第一项新型渠道工程。

1941 年 6 月，黄河水利委员会在西安会议上，就林垦设计委员会拟具的设立关中、陇东、洮西、河西、兰山五个水土保持试验区立案决议通过，一律于 7 月 1 日成立，并派员进行筹建，后因经费不足只设立了关中水土保持试验区。该试验区设于长安县终南山的荆峪沟高桥，卫龙章任试验区主任。至民国三十五年（公元 1946 年）10 月被撤销。

1943 年 4 月，国民政府行政院组织农林部、水利委员会、甘肃省建设厅等有关单位，成立西北水土保持考察团，邀请美国水土保持专家罗德民为行政院顾问，共同考察西北水土保持。该团本年 4 月从四川出发，到双石铺、宝鸡、天水、西安、荆峪沟、大荔、黄龙山、泾阳、六盘山、华家岭、兰州、西宁、湟源、三角城、永昌等地，于 11 月中旬返回四川，主要考察西北的土壤冲刷与植被、径流等。参加该团考察的国内水土保持工作者有蒋德麒、梁永康、傅焕光、叶培忠、冯兆麟、章元羲、陈迟等。考察结束后，罗氏写有《西北水土保持初步考察报告》。这次考察是黄河流域规模空前的一次水土保持考察。

1944年4月22日，甘肃沔丰渠建成放水。该渠于民国三十一年（公元1942年）5月开工兴建，渠长13.14千米，可灌溉泾川县农田万亩。

1945年，黄河水利委员会关中水土保持试验区在荆峪沟塬上南寨沟娘娘庙修建成一座沟壑土坝。集水面积2.6平方千米，由副工程师陈本善主持修建。3月6日开工，5月8日建成，土方量20000立方米，为黄河流域第一座试验性质的沟壑土坝。

3. 在全国及国际上的影响

泾惠渠在一个较为偏远的省份建成，这在很大程度上影响到全国的水利建设。泾惠渠的建设几乎没有中央政府的投资，因此它也成为自筹资金和引用外资的样板性工程。民国三十六年（公元1947年）6月，国民政府水利部将办公大院里的四条路分别命名为：大禹路、李冰路、李协路和郑白路[1]，其中两条路的名称都与泾惠渠有关，可见当时泾惠渠在中央政府中的分量。

1944年7月，全国水利委员会应联合国善后救济总署之约，组织了一个赴美国的水利考察团。考察团成员有张含英、徐世大、蔡邦霖、刘钟瑞、林平一、蔡振、吴又新和张任等8人，均为国内水利界著名专家，水利事业创始人、元老，号称"八仙过海"。在这8名专家中，其他几位都是大江大河方面的权威，只有刘钟瑞一人是省级地方的农田水利代表，在美国考察期间，刘钟瑞曾

---

[1] 国民政府水利部《水利通讯》第十八期。

应邀介绍了以泾惠渠为代表的陕西灌溉工程的情况。由于泾惠渠的大部分出资来源于美国，因而美国公众和专业人员也对刘钟瑞的报告给予了极大的关注。在第二次世界大战尚未结束，交通不便等诸多因素的影响下，原计划 6 个月的考察时间一再延长，直至 1945 年 11 月才回到国内，全部考察时间几乎历时一年半。这次考察使泾惠渠与陕西水利名扬海外。

此外，曾在泾惠渠建设过程中起到重要作用的外籍技术人员塔德、安立森等，以后都成为黄河水利委员会的重要技术骨干。毫无疑问，他们在泾惠渠建设过程中的实践经验是中国水利主管部门最需要的。

第十章　20世纪50年代以来的泾惠渠

　　泾惠渠灌区有着古老而辉煌的灌溉历史，始于公元前246年的郑国渠，当时灌溉面积达四万余顷。由于泾河河床逐年下切，引水口不断上移，到了清末仅以"万世永赖"的筛珠洞泉水进行约万亩农田灌溉，水利衰减，旱魔肆虐，民不聊生。1932年近代水利专家李仪祉先生主持建成我国历史上第一座现代水利灌溉工程——泾惠渠，渭北荒废之区，得重沾膏润，民享水利，从此泾惠渠佳名流芳百世。1949年以后泾惠渠灌区进入了高速发展阶段。

　　1934年12月，在泾惠渠全面完工以后，灌区进入了正常运行阶段，但维修、改建等工程始终都在进行当中，其中大坝的加高、改建曾有多次。

　　1935年2月第一次加高大坝。坝面砌石增高0.3米，引水流量从16立方米每秒提高到17立方米每秒，每年引水量提高至1.6亿立方米。

　　1938年第二次加高大坝。3月动工，坝顶安装铁架，闸以木板控制，抬高坝上水位0.5米，引水流量增至19立方米每秒。

　　1949年1月，第三次大坝加高工程开工，6月告竣。浆砌料石加高大坝1.15米（坝顶高程447.45米），引水流量增至25.0立方米每秒。

1952 年 2 月，第四次大坝加高工程开工，用钢筋混凝土镶高坝面 0.3 米，引水流量增至 26.05 立方米每秒。

1966 年 7 月 27 日，泾河洪峰流量达到 7520 立方米每秒，泾惠渠大坝被冲毁。10 月下旬至 1967 年 6 月 13 日，在原坝址下游 16 米处新建 1 座高 14 米、长 87.5 米、底宽 23 米的混凝土溢流坝，引水流量 50 立方米每秒。1971 年 5 月，完成新建进水闸、扩建引水洞与加高石堤工程，节制闸、退水闸由人力启闭改装为倒挂式双作用油压启闭机。

1989 年对渠首进行加坝加闸和除险加固，1992 年完成，加高坝体 11.2 米，

泾惠渠大坝（1932 年）

泾惠渠大坝（1980 年代）

泾惠渠大坝现状

图 10-1　泾惠渠大坝的变迁

加设六孔拦河闸，闸高 8 米，库容达到 510 万立方米。目前坝高 35.7 米，坝长 118.8 米。

今天的泾惠渠灌区位于陕西省关中平原腹地，是一个自泾河

图 10-2　泾惠渠三代取水口 [1]

自流引水灌溉为主、灌排结合的大型灌区。灌区所辖咸阳、西安、渭南三市的泾阳、三原、高陵、临潼、阎良、富平六个县（区）48 个乡镇，602 个建制村，24.09 万农户，98.8 万农业人口，人均耕地 1.487 亩，人均水地 1.373 亩。灌区设施灌溉面积 145.3 万亩，有效灌溉面积 135.7 万亩，其中自流灌溉面积 112.25 万亩，抽提渠水灌溉面积 23.45 万亩。灌区农作物以种植小麦、玉米为主，经济作物以蔬菜、果树为主，粮经比为 7：3，复种指数 1.75。新中国成立后，累计生产粮食超过 230 亿千克，较旱地亩均增产 152.5 千克，累计向国家提供商品粮 95 亿千克，增产棉花 6.8 亿千克，灌区耕地面积只占全省粮食耕地面积的 2.5%，而粮食总产量却占全省粮食的 5.8%，为陕西经济发展做出了巨大贡献。2007 年灌区粮食平均亩产 560 千克，年粮食总产达 7.8 亿千克，工农业总产值 117.486 亿元，农业生产总值达 48.32 亿元，在全省经济中

①从左至右，第一代，1932 年李仪祉建成泾惠渠时的取水口，设有三孔闸门；第二代，1967 年重建大坝时的取水口；第三代，1997 年加坝加闸完工后的最新取水口。

位居前列。

灌区介于东经108°34′34″至109°21′35″，北纬34°25′20″至34°41′40″之间，东西长约70千米，南北宽约20千米，地势自西北向东南倾斜，海拔标高350～450米，地面平均坡降2.5‰左右。灌区北靠黄土台塬，西、南、东三面有泾河、渭河、石川河环绕，属大陆性半干旱地区，多年平均降水量538.9毫米，年蒸发量1212毫米，多年平均气温13.4℃，最大冻土深度0.41米，多年平均冰冻时间94.8天，总日照时数2200小时，无霜期232天。

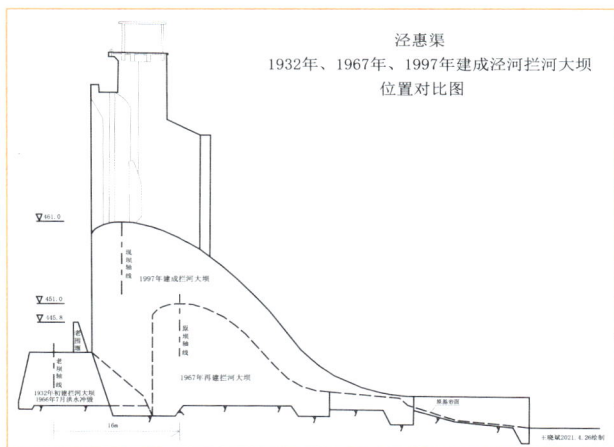

图 10-3　泾惠渠三代拦河大坝对比图

泾惠渠灌区工程设施主要包括渠首枢纽（水库）工程、西郊水库、徐木大型灌溉泵站（三级）、灌溉渠系工程、排水渠系工程等几大部分，渠首灌溉取水设计流量46立方米每秒，加大流量50立方米每秒，另有一座坝后电站和一座渠道电站，总装机8850千瓦。

灌溉渠系工程主要分为干、支、斗三级。其中干渠5条，总长81.4千米，支渠、分支渠25条，总长336.21千米，干、支渠共有各类建筑物 1925 座。目前，灌区干渠衬砌率 100%，完好率 54%，支渠衬砌率 57.1%，完好率 43%。斗渠 593 条，长 1477.5 千米，已衬砌 511 千米，斗渠衬砌率 34.6%，完好率 15.2%，共有各类建筑物 5070 座。农（分）渠 4787 条，长 2042.07 千米，已衬砌 693.32 千米，农（分）渠衬砌率 34%，共有各类建筑物 4787 座。

灌区排水渠系工程比较完善，控制面积 103 万亩，有排水干沟 10 条，长 118.7 千米，支沟 75 条，长 377.1 千米，分毛沟 334 条，长 375.1 千米，配套各类建筑物 1913 座，控制排水面积 686.7 平方千米，占灌区总面积的 58.2%。

灌区水资源主要包括地表泾河来水和地下水两部分。据 1956—2005 年 50 年实测张家山渠首泾河来水，最大年径流 41.8 亿立方米（1964 年），最小年径流为 7.28 亿立方米（2000 年），多年平均径流量 16.88 亿立方米，其中汛期 7、8、9 三个月呈大流量、高含沙同步出现，占总量的 63%，年含沙量 ≤ 13% 的可利用水量 12.67 亿立方米，渠首实际年可供灌溉水量 2.68 亿立方米。

灌区开发利用地下水资源距今也有 50 年的历史，渠井双灌面积 110 万亩。2002 年调查统计，灌区有配套机（电）井 2 万眼，灌区地下水多为潜水，埋深大多在 8 ~ 35 米，最大埋深 50 米，主要靠垂直入渗补给，占总补给量的 85%，其中：灌溉入渗占 52.3%，降水入渗占 32.7%。地下水 80% 以上为重碳酸盐水，pH 值 7.8，矿化度 1 ~ 3g/L，年可开采量为 1.7 ~ 2.3 亿立方米左右，实际每年仅农灌开采量就达 2 亿立方米，超采现象严重。

灌区设施灌溉面积 145.3 万亩，有效灌溉面积 135.7 万亩，多年平均灌溉需水量 4.3 亿立方米，亩均灌溉用水量 317 立方米。受工程调蓄和引水能力、河源来水时空分布不均、灌溉时限等条件限制，灌区年缺水达 8330 万立方米。

当历史前进到 21 世纪，郑国渠及其后续的灌区，包括民国年间的泾惠渠，都已经不复当年了。然而一个历史悠久的水利工程能够延续两千多年运行到现在，一定有它最原始的规划合理性。都江堰、灵渠、郑国渠都是先人智慧的结晶，当我们享受到现代水利工程带给我们的经济效益、社会效益和环境效益时，一定不要忘记向我们的前人致敬。我们的一切成绩都是在前人的基础上发展起来的，同样，我们今天的成绩，也最终会成为历史的一页。

第十一章　世界灌溉工程遗产与郑国渠

郑国渠 2016 年入选世界灌溉工程遗产名录。

第一节　世界灌溉工程遗产

一、ICID 史与灌溉工程遗产

国际灌溉排水委员会（International Commission on Irrigation & Drainage，缩写：ICID）是在灌溉、排水、防洪、治河等科学技术领域进行交流与合作的国际非政府间学术组织，1950 年在印度新德里成立。其最高决策机构为国际执行理事会，设主席 1 人、副主席 9 人、秘书长 1 人，在印度新德里常设中心办公室，由秘书长主持日常工程。该会到 2020 年底有 80 个会员国家与区域，中华人民共和国于 1981 年成立灌溉排水国家委员会，第一任主席为崔宗培。中国于 1983 年成为国际灌溉排水委员会的会员国，中国台北委员会也参加该组织的各项活动。

世界灌溉工程遗产是国际灌溉排水委员会（ICID）从 2014 年开始评选的世界遗产项目，旨在梳理世界灌溉文明发展脉络、促进灌溉工程遗产保护，总结传统灌溉工程治水智慧，为可持续灌溉发展提供历史经验和启示。截至 2020 年底，世界灌溉工程遗产达 105 处，分布于 16 个国家。2022 年底，我国的世界灌溉工程遗产达到 30 处，成为拥有遗产工程类型最丰富、分布范围最广泛、灌溉效益最突出的国家。每一项灌溉工程遗产都有着独特的科技价值、历史文化价值和生态价值，发挥着巨大的社会经济效益。我国灌溉工程遗产在世界范围内已经成为讲好中国故事的一张重要名片。

二、灌溉遗产的价值标准

申请世界灌溉工程遗产的工程必须具有如下价值：是灌溉农业发展的里程碑或转折点，为农业发展、粮食增产、农民增收做出了贡献；在工程设计、建设技术、工程规模、引水量、灌溉面积等方面领先于其时代；增加粮食生产、改善农民生计、促进农村繁荣、减少贫困；在其建筑年代是一种创新；为当代工程理论和手段的发展做出了贡献；在工程设计和建设中注重环保；在其建筑年代属于工程奇迹；独特且具有建设性意义；具有文化传统或文明的烙印；是可持续性运营管理的经典范例。

第二节　历史瞬间与定格

一、申遗过程

2012 年，陕西省水利博物馆建成，全面启动水利文物保护工作。

2013 年 9 月，《陕西省水文化建设发展规划》颁布，将郑国渠遗产的挖掘研究及保护列为全省水文化建设的头等大事，组织编制了《郑国渠遗产保护与利用总体规划》，发起成立了陕西水文化研究会，组织召开郑国渠文化研讨会，积极搜集整理相关文物、文史资料，为深入推进郑国渠水文化的挖掘做了大量基础性工作。

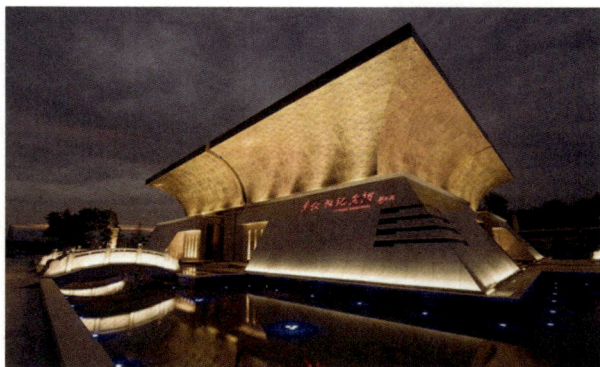

图 11-1　陕西省水利博物馆

2015年10月，着手郑国渠申报世界灌溉工程遗产的准备工作，向水利部、国家灌排委提交了申请资料。为此，成立了申遗工作领导小组，制定了详细的工作方案，多次召开申遗工作联席会议，协调各方关系，明确责任分工，全力推进郑国渠申遗工作，取得了显著成效。

郑国渠申遗工作是陕西省水文化建设的重要决策部署，省委、省政府和各有关市县主要领导高度关切和重视。2016年初，省长胡和平亲自赴郑国渠遗址区考察，省水利厅厅长王拴虎、咸阳市市长卫华也亲自深入郑国渠遗址现场踏勘。

进入2016年，省水利厅根据水利部关于世界灌溉工程遗产工作的有关原则、要求，于2月份开始组织专题研讨、开展史料考证收集、遗址区整治等工作，坚持"传承、保护、创新、效益"的原则，成立了以陕西省水利厅、咸阳市人民政府、陕西省泾惠渠管理局、泾阳县人民政府为成员单位的"郑国渠"申报世界灌溉工程遗产工作联席会议制度，召开多次专题会议推进申遗工作。各有关单位团结协作、通力配合，共同的目标就是郑国渠成功入选世界灌溉工程遗产名录。

2月22日，省水利厅召开"郑国渠"申报世界灌溉工程遗产工作安排部署会，标志着"郑国渠"申报世界灌溉工程遗产工作正式启动。

研究制定了申遗工作路线图和工作总

图11-2　王拴虎厅长考察郑国渠遗址

体方案，组织有关人员赴北京就郑国渠申遗工作向水利部、国家灌排委做了专题汇报，争取政策支持和技术服务，取得了国家灌排委的大力支持。

组织工作人员赶赴四川东风堰、浙江它山堰、浙江绍兴等已申报成功的省份调研，学习借鉴申遗经验。

3月16日，与中国水利水电科学研究院签订了技术服务合同，并制定了详细的工作计划，开展了申遗工作价值评估报告等申遗文本和视频宣传片脚本的编写工作。

对张家山渠首大坝、历代引泾遗址、泾河峡谷、灌溉渠道、部分水利工程设施进行了航拍，拍摄视频资料近200分钟。

3月16日至17

图11-3　丁昆仑一行3人考察郑国渠

日，国际灌溉排水委员会副主席、中国国家灌溉排水委员会副秘书长丁昆仑一行3人考察指导郑国渠世界灌溉工程遗产申报工作。

4月起开始了遗址区的现场整治工作，主要是：历代引泾工程遗址区环境整治、群泉工地现场环境整治、历代引泾石碑保护、光缆电线入地工程、交通道路维修工程、交通道路标识标志立设、刷新工程、遗址区日常保洁与安全等，遗址区面貌得到显著改观。根据申遗文本和视频宣传片的编制要求，加班加点收集资料，及时提供了泾惠渠灌区自然基础勘察资料，包括位置、气象、水文水资源等资料；郑国渠及历代引泾工程建筑或设施分布、型式、结构与材料等基本工程特性资料；泾惠渠灌区辖区社会经济情况，经济、生态效益资料，自然灾害情况，旅游开发情况；郑国渠及历代引泾工程考古调查资料，全国文物保护单位四有档案资料；相关地图、图纸、照片、影像资料等。

4月20日，泾惠渠管理局局长李满良会见泾阳县县长张渭商议推进郑国渠申报世界灌溉工程遗产工作。

《古渠春秋》画册拍摄结束，此次拍摄历时一个月，拍摄小组成员人均拍摄照片4000余张，在拍

图11-4　《古渠春秋》画册拍摄创作活动汇报会

摄过程中大家早出晚归，克服种种困难，用手中的镜头从不同角度展示了古渠新姿及灌区变化。

5月16日，泾惠渠管理局与泾阳县政府联合召开郑国渠申遗

现场办公会，协商落实申遗工作任务。5月19日，省水利厅机关党委副书记闫红阳一行3人检查指导郑国渠申报世界灌溉工程遗产准备相关工作。

图11-5　泾惠渠管理局与泾阳县政府联合召开郑国渠申遗现场办公会，协商落实申遗工作任务

5月26日，泾惠渠管理局局长李满良、党委书记吴小宏再次检查指导郑国渠及历代引泾灌溉引水口现场准备工作，为迎接世界灌溉工程遗产国内评估专家组考察评估做好充分准备。

图11-6　国家灌排委组织专家对郑国渠申报世界灌溉工程遗产进行了评估

6月1日，100余名青年志愿者参加了陕西省水利厅在泾惠渠渠首组织开展的"扮靓古渠，我为申遗做贡献"主题志愿服务活动。

6月7日，国家灌排委组织专家对郑国

图11-7　"扮靓古渠，我为申遗做贡献"主题志愿服务活动

图 11-8　人民网采访《中国水利史典》专家委员会副主任蒋超

图 11-9　蒋超于 2016 年 6 月考察郑国渠

渠申报世界灌溉工程遗产进行了评估，来自水利部、中国水科所、清华大学、省水利厅的专家，深入郑国渠遗址及历代引泾遗址，实地踏勘了遗址的现状，了解了郑国渠历史、发展和现在利用等情况。

先后邀请人民网、陕西日报等媒体记者采访报道郑国渠申遗工作，网络转发媒体达一百多家，人民网制作了三期视频专题报道，获得了很高的关注度；邀请相关专家学者开展了一批书籍的编辑出版工作，其中有《中国水利史典》专家委员会副主任蒋超教授的《郑国渠》专著和纪实性小说译本《老龙王河》，陕西师范大学王双怀教授的《郑国渠论文集》，以及《引泾灌溉历代碑文集》《古渠春秋》画册等；重新编曲拍摄歌曲 MTV《千秋郑国渠》，都为申遗工作造势宣传，扩大影响。

7 月 27 日至 29 日，古代灌溉工程现状与保护研讨会在西安召开。与会代表参观了陕西水利博物馆、郑国渠遗址、泾惠渠渠首和西安汉城湖水文化建设成果，并为与会人员赠送了新出版的《郑国渠》《郑国渠论文集》《古渠春秋》画册及《引泾灌溉历代碑文集》等书籍，扩大了郑国渠的影响力。

图 11-10 古代灌溉工程现状与保护研讨会

二、列入名录，授予证书

2016 年 11 月 5 日，陕西省水利厅副厅长魏小抗带队参加在泰国清迈召开的第二届世界灌溉论坛暨第 67 届国际执行理事会，代表团其他成员有：耿涛（陕西省水利厅直属机关党委副调研员）、李满良（陕西省泾惠渠灌溉管理局局长）、马亮（陕西省泾惠渠灌溉管理局综合经营处处长）、谢保卫（陕西省泾阳县人民政府副县长）等。郑国渠成功入选第三批世界灌溉工程

图 11-11 陕西省代表团成员

图 11-12 陕西省水利厅副厅长魏小抗从国际灌溉排水委员会主席手中接过奖牌

图 11-13　第二届世界灌溉论坛暨第 67 届国际
执行理事会

遗产候选名单。

11 月 8 日晚，国际灌溉排水委员会在泰国清迈召开的第二届世界灌溉论坛暨第 67 届国际执行理事会上，国际灌溉排水委员会名誉副主席甘德度宣布了 2016 年入选的世界灌溉工程遗产名单，中国申报的陕西郑国渠等 3 个古代灌溉工程全部入选。陕西省水利厅副厅长魏小抗从国际灌溉排水委员会主席手中接过奖牌。郑国渠申遗成功，入选世界灌溉工程遗产名录，成为陕西省第一个"世界灌溉工程遗产"。

附　录

附录一　大事纪年

公元前 249 年（秦庄襄王元年）

秦庄襄王登基，吕不韦正式登上政治舞台。

公元前 246 年（秦王政元年）

秦王政登基，时年 13 岁。吕不韦实际执掌政权。开凿郑国渠。秦用韩水工郑国之谋，"令凿泾水，自中山西邸瓠口为渠，并北山东注洛三百余里，欲以溉田。"

公元前 238 年（秦王政九年）

秦王嬴政 22 岁，开始实际掌握权力，杀嫪毐。

公元前 236 年（秦王政十一年）

发现郑国的间谍身份，"中作而觉，秦欲杀郑国，郑国曰：'始臣为间，然渠成亦秦之利也'，秦以为然，卒使就渠。"经过"逐客"事件的起伏和平息，郑国得以继续修渠。"渠就，用注填阏之水，溉泽卤之地四万余顷，收皆亩一钟，于是关中为沃野，无凶年，秦以富强，卒并诸侯，因命曰'郑国渠'。"

公元前 111 年（汉武帝元鼎六年）

开六辅渠。"兒宽为左内史，奏请穿凿六辅渠，以益溉郑国傍高卬之田。"

兒宽还"定水令，以广溉田"。

公元前 95 年（汉武帝太始二年）

修建白渠。"赵中大夫白公复奏穿渠。引泾水，首起谷口，尾入栎阳注渭，中袤二百里，溉田四千五百余顷，因名曰：白渠。民得其饶，歌之曰：'田于何所？池阳、谷口。郑国在前，白渠起后。举锸为云，决渠为雨，泾水一石，其泥数斗，且溉且粪，长我禾黍，衣食京师，亿万之口。'"

公元 182 年（东汉灵帝光和五年）

在泾水下游阳陵县修建樊惠渠。

公元 371 年（前秦建元七年）

复修郑、白渠。苻坚"以关中水旱不时，议依郑白故事，发其王侯以下及豪望富室僮隶三万人，开泾水上源，凿山起堤，通渠引渎，以溉冈卤之田，及春而成，百姓赖其利。"

公元 488 年（北魏太和十二年）

五月丁酉，诏六镇、云中、河西及关内六郡，各修水田，通渠灌溉。

公元 547 年（西魏大统十三年）

修浚白渠。"春正月，开白渠以灌田。"

公元 550 年（西魏大统十六年）

贺兰祥修富平堰。"十六年，拜大将军。太祖以泾、渭灌溉之处，渠堰废毁，乃命祥修造富平堰，开渠引水，东注于洛。功用既毕，民获其利。"

公元 619 年（唐高祖武德二年）

灌金氏陂。"华阴郡下邽县东南二十里有金氏二陂，引白渠灌之，以置监屯。"

公元 655 年（唐高宗永徽六年）

疏浚郑白渠。"雍州长史长孙祥奏言：往日郑白渠溉田四万余顷，今为富商大贾竞造碾硙，堰遏费水，渠流梗塞，止溉一万余顷，请修营此渠，以便百姓，至於碱卤亦堪为水田。"於是遣长孙祥等检渠上碾硙，皆毁之，并设斗门以节水，淤溉碱卤之地，皆为水田。

公元 705—710 年（唐中宗在位）

李元纮为雍州司户参军。当时，太平公主倚仗权势，强夺佛寺碾硙，被告到雍州府衙。李元纮将碾硙判还佛寺。雍州长史窦怀贞畏惧太平公主，命李元纮改判。李元纮道："南山或可改移，此判终无摇动。"

公元 714 年（唐玄宗开元二年）

复修郑白渠。"诏李元纮复修之。"

公元 764 年（唐代宗广德二年）

毁郑白渠中遏水碾硙。"李栖筠进户部侍郎，关中旧仰郑、白二渠溉田，而豪戚拥上游取硙利，且百所，夺农用十七，栖筠请皆彻毁，岁得租二百万，民赖其入。"

公元 778 年（唐代宗大历十三年）

开郑白支渠。"泾水壅隔，京兆少尹黎干奏请开郑、白支渠，复秦、汉故道，以溉民田，废碾硙八十余所。"

春正月，下诏毁除白渠水支流碾硙，但升平公主有脂粉硙两轮，郭子仪私家硙两轮，郭子仪的儿媳升平公主晋见皇帝，谈到了此事，代宗要求她"为众率先"，毁掉碾硙，从而带动各级官吏豪门的八十余所碾硙"尽毁之"。

公元 825 年（唐敬宗宝历元年）

高陵有古白渠，刘仁师更改水道，建成后命名为刘公渠、彭城堰。

公元 828 年（唐文宗大和二年）

开始在引泾灌区用水车。闰三月初，"内出水车样，令京兆府造水车，散给缘郑白渠百姓，以溉水田。"

公元 923—926 年（后唐庄宗在位）

张籛为三白渠营田制置使。

公元 991 年（宋太宗淳化二年）

复修白渠口。"县民杜思渊上书言：泾河内旧有石礓以堰水入白渠，溉雍、耀田，岁收三万斛。其后多历年所，石礓坏，三白渠水少，溉田不足，民颇艰食。乾德中，节度判官施继业率民用梢穰、笆篱、栈木、截河为堰，拥水入渠，缘渠之民，颇获其利。"

公元 995 年（宋太宗至道元年）

修白渠别口。"诏皇甫选、何亮乘传经度，选等还言，泾河陡深，渠岸摧废，岁久实难致力，渠口旧有六石门，谓之洪门，亦圮，议复甚难，欲就近别开渠口，以通水道。"

公元 1006 年（宋真宗景德三年）

修介公庙白渠别口。"盐铁副使林特，度支副使马景盛陈关中河渠之利，请遣官行郑、白渠，兴修古制。乃诏太常博士尚宾乘传经度，率夫治之。宾言：郑渠久废不可复，今自介公庙迥白渠洪口直东南，合旧渠以畎泾河，灌富平、栎阳、高陵等县，经久可不竭。工既毕而水利饶足，民获数倍。"

公元 1036 年（宋仁宗景祐三年）

二月丁卯，修陕西三白渠。

公元 1041 年（宋仁宗康定二年）

修白渠洪口。"三白渠久废，京兆府荐雷简夫治渠事。先时，治渠岁役六县民四十日，用梢木数百万，而水不足，简夫用三十日，梢木比旧三之一，而水有余。"

公元 1041—1048 年（宋仁宗庆历年间）

浚疏三白渠。"叶清臣徙知永兴军，浚三白渠，溉田逾六千顷。"

公元 1069 年（宋神宗熙宁二年）

十一月丙子，颁布《农田水利约束》，又名《农田利害条约》。

公元 1072 年（宋神宗熙宁五年）

"十一月，陕西提举常平杨蟠议修郑、白渠，诏都水丞周良孺相视。乃自石门堰泾水开新渠，至三限口以合白渠。王安石请捐常平息钱，助民兴作，帝曰：'纵用内帑钱，亦何惜也。'"

议凿小郑渠。"熙宁五年，泾阳令侯可议凿小郑渠，引泾水，高与古郑渠等。都水丞周良孺言：'自石门北开二丈四尺，堰泾水入新渠，至临泾就高入白渠，至三限口接云阳，可溉田二万余顷。'诏如其议。"

公元 1074 年（宋神宗熙宁七年）

开丰利渠。"殿中丞侯可鸠工，自仲山傍凿石渠，引泾水东南与小郑泉会，下流合白渠，至次年春，渠之已凿者之三，当时以岁歉弛役。"

公元 1107 年（宋徽宗大观元年）

"闰十月，主客员外郎穆京奉使陕西，以白渠名存而实废者十居八九。二年，诏本路提举常平使者赵佺董其事，循侯可旧迹，九月兴工，越明年四月，土渠成，再越明年闰八月石渠成，赐名曰：'丰利渠'。"

公元 1109 年（宋徽宗大观三年）

作樊坑渠堰。"白渠南岸，其北直大沟，沟水暴涨常冲毁渠岸，与渠流俱溃，壅之则渠不能容，而下流为田患，乃叠石为渠岸，东西四十尺，北高八尺，上阔十七尺，其南石尾相衔，而下四十尺，沟水至，则渠之所受满其堤而止，泄余水注坑中与泾水合。"

公元 1308 年（元武宗至大元年）

开王御史渠。"西台御史王琚建言：'於丰利渠上更开石渠五十一丈，阔一丈，深五尺，积一十五万三千工，每方一尺为一工。'自延祐元年（公元 1314 年）兴工，至五年渠成，是年改堰至新口。"

公元 1329 年（元文宗天历二年）

修引水洪堰。"三月，屯田总管河渠司事郭嘉议言：去岁六月三日骤雨，泾水泛涨，元修洪堰及小龙口尽圮，水归泾，白渠内水浅。为此，计用十四万九千五百十一工，役丁夫一千六百，度九十三日毕。"

公元 1343 年（元惠宗至正三年）

开通鹿巷。"洪口以下石土渠十余里，自古穿淘两岸，积土如山，其土崩塌，复入于渠，就岸高处开通鹿巷，搬运积土，远离渠岸。四年，屯田同知牙八胡、泾尹李克忠发丁夫开鹿巷八十四处，削平土叠四百五十余步。"

公元 1375 年（明太祖洪武八年）

修洪渠堰。"十月，洪渠堰岁久壅塞，不通灌溉，命长兴侯耿炳文督工浚之，泾阳、三原、醴泉、高陵、临潼等五县之田，大获其利。"

公元 1398 年（明太祖洪武三十一年）

洪渠堰圮。"三月，复命耿炳文修治之，凡五月堰成，又浚堰渠一十万三千六百十八丈，民皆利焉。"

公元 1465 年（明宪宗成化元年）

开广惠渠。"副都御史项忠，请自旧渠上并石山开凿一里余，就谷口上流引泾入渠，集泾阳、三原、醴泉、高陵、临潼五县民就役，穿小龙山、大龙山。役者咸篝以入，遇石刚顽，辄以火焚水淬，或泉滴沥下，则戴笠披蓑焉，功未就，项召还朝。成化四年项复西征过陕，命有司促工责成，奏凯还，亟以成功纪於石，名其渠曰：'广惠渠'。而渠实未通也。"

公元 1476 年（成化十二年）

陕西巡抚右都御史余子俊继续广惠渠施工，兴修一年多，又未完工。

公元 1481 年（成化十七年）

副都御史阮勤继续兴工修建广惠渠，直到成化十八年（公元1482 年）工程才全部完工。广惠渠先后经三任官吏主持施工，工期达十八年之久。

公元 1516 年（明武宗正德十一年）

萧翀修通济渠。"萧公翀巡抚兹土，乃议凿山为直渠，上接新渠，直沂广惠，下入丰利，广一丈二尺，袤四十二丈，深二丈四尺。四月兴工，次年五月工成。"通济渠是一项裁弯取直工程。

公元 1669 年（清圣祖康熙八年）

引龙洞泉水。"泾阳县令王际有，督工疏浚大、小龙山石洞，重修广惠，得泉源瀵涌而出，遂归纳诸泉，补漏堤岸，疏通阻塞。"

公元 1727 年（清世宗雍正五年）

疏浚龙洞。川陕总督岳钟琪奉谕拨银八千两，将郑白、龙洞挑浚，修渠清淤。七年，吏部尚书川陕总督查朗阿提请西安管粮

通判改兼水利，驻王桥镇，随时修葺，并建闸以时启闭。

公元 1737 年（清高宗乾隆二年）

弃泾引泉。"翰林侍读学士世臣建言：重费无益，不如修龙洞渠。后置坝龙洞北口，遏泾水勿令淤渠，完堤以纳众泉。工始于十一月，至四年十月告竣，堵绝广惠渠口，修渠堤二千二百六十八丈。灌溉醴泉、泾阳、三原、高陵四县民田七万四千三十有二亩。"从此，放弃引泾，只引泉水，称"龙洞渠"。

公元 1750 年 （清高宗乾隆十五年）

劝民凿井。"陕甘总督陈宏谋，劝民凿井二万八千余，广造水车，教民以溉田。"

公元 1790 年 （清高宗乾隆五十五年）

乾隆皇帝下令陕西巡抚李殿图亲自查勘，搞清究竟是 "泾清渭浊"，还是"泾浊渭清"。李殿图"自秦州溯流至鸟鼠、崆峒，绘图附说以进"，受到皇帝的夸奖。

公元 1822 年 （清宣宗道光二年）

凿鄂山新渠。陕西巡抚命鄜州知州鄂山主事，因龙洞渠堤被泾水冲决，借帑银二百余两，于鸣玉泉东岸凿洞十五丈，并修渠首石堤七十余丈，整修下游土渠二千余丈。为龙洞渠一次大的整修。

公元 1864 年 （清穆宗同治三年）

开井渠。"高陵县令徐德良，曾役民夫于郑渠故道北，泾河左岸东南至惠民桥，掘井一排，筑修大池，拟复引泾。奈渠高于河者数仞，土松而渗，泾泥又不止数斗，池未满而漏其半，复为泥淤，盛水无多，迄于无成。"

公元 1869 年 （清穆宗同治八年）

"大司农袁保恒，屯田泾上，拟复广惠，又开新渠；后复在王御史渠口栽椿安置筒车，经营年余，迄无成效。"

公元 1886 年（清德宗光绪十二年）

"泾阳知县涂官俊督工疏浚龙洞渠，东至广惠渠下口，下接王御史渠上口五十八丈，使泉水入渠畅通，龙洞渠水量增三分之一。"

公元 1899 年（清德宗光绪二十五年）

整修龙洞渠。由陕西巡抚魏光焘主持，发动陕西驻军和四县民工共同参加，拨帑银四千九百余两，修复石堤，疏通灌区各级渠道，是清代最后一次大规模的工程整修。

公元 1917 年 （民国六年）

秋，郭希仁任陕西省水利分局局长兼林务专员。时值雨涝，泛滥。郭亲赴被洪水冲毁的龙洞渠查勘，并向省长陈树藩呈送了《复勘龙洞渠工及治标治本办法》。

11 月 27 日，省水利分局委任于天赐、姚秉圭为龙洞渠渠工局正副渠总。龙洞渠一切工程事项，应会同正副渠总并秉承泾阳县知事悉心筹议，妥速办理，以维水利，而厚民生。

公元 1918 年 （民国七年）

首次勘测泾河谷口地形。陕西省水利分局局长郭希仁，拟复引泾，派员勘测泾谷钓儿嘴和灌区地形略图，送南京河海工专求教李仪祉。不久复函，表示极力赞同兴办引泾水利，但原测图太粗，资料短缺，不足规划设计需要。并对工程计划、施工、器具、预算等，提出 13 条具体意见，强调引泾工程不能草率行事。

1920 年（民国九年）

郭希仁辞水利分局局长职，推荐李仪祉接任。在李仪祉正式到任之前，仍由郭希仁代理水利分局局长职。

靖国军总司令于右任委任高士蔼、高又明、王五臣监修鸣玉泉。后因经费不足而中止。

公元 1921 年（民国十年）

北平华洋义赈救灾总会请全国水利局顾问方维因、咨询工程师吴南凯（雪沧）来陕进行现场勘测，提出改变凿洞方案为修复旧渠的引水建议。

秋，靖国军总司令于右任等倡议兴修渭北水利，支持三原各界成立"渭北水利委员会"，利用救灾赈款余额，举办引泾钓儿嘴水利工程，公推李仲三为会长，邀请李仪祉回陕任总工程师，负责工程设计、勘测。约经两年，测量及设计大体完成。后因靖国军解体，未及施工，但为 1930 年杨虎城主陕后完成引泾灌溉工程奠定了基础。

公元 1922 年 （民国十一年）

成立"渭北水利工程局"。以胡景翼为名誉总董，田玉洁为总董。李仪祉任陕西省水利局局长，筹划关中水利，兼陕西渭北水利工程局总工程师。

10 月 22 日，李仪祉组建测量队，任命胡步川为水队队长，刘钟瑞为陆队队长，分别对泾河河谷、灌区地形进行勘测，开展水文观测工作。详测泾河深谷及渭北平原（包括泾阳、醴泉、三原、高陵、临潼诸县）地形，设甲、乙两种方案，此方案计划于民国十三年 8 月间完成。因受政局及工款之影响，未能动工。

公元 1923 年 （民国十二年）

李仪祉向刘镇华筹款二万元，委任高士蔼、岳介藩等人监修天涝池、碧玉泉等处险工堤段，复收鸣玉泉入渠，使龙洞渠水面陡增尺许。

9 月 4 日，委任姚介方为龙洞渠管理局主任，三原、高陵各县另设龙洞渠水利局；泾阳、醴泉龙洞渠水利局即附管理局内，二县境内渠务由管理局主任兼管。各县另举渠绅二人（醴泉推举一人）。各民渠管理制度，如泾阳之水老、值月利夫，三原之堵长等，悉仍其旧。

完成《陕西省渭北水利工程局引泾第一期报告书》，提出渠首工程甲种方案，计划建造高 75 米、长 200 米的高坝水库，设计灌溉面积 400 万亩以上，共需资金 700 万～ 800 万元。

公元 1924 年（民国十三年）

春，李仪祉邀请须恺来陕西，协助引泾灌区的设计工作。

3 月 10 日，中国华洋义赈救灾总会总干事梅乐里（美国）、工程主任塔德（美国），由北京启行来陕，调查渭北水利工程。李仪祉的引泾工程设想仅得到原则肯定，塔德等没有表示实际的支持。

12 月 11 日，龙洞渠突于夜晚出险数处，局长李仪祉亲赴渠所勘查出险地段。自大王桥以下长三里余，皆斩山坡作深堑，深三四丈，壁崖陡立，极易坍颓，其以上渠段，千孔百疮。大暗桥以下：赵家桥以上约百步山崖崩塌，已倒入渠中者厚丈余，又有将倒未倒者，岌岌可危。正为浇麦时节，各斗需水甚急，省局拟就修补计划，呈请省长鉴核。

完成《陕西省渭北水利工程局引泾第二期报告书》，提出渠首乙种方案。乙种低坝方案有二：一为坝高 15.5 米、长 85 米，引水洞 2700 米，设计灌溉面积 142 万亩，共需资金 194 万元；一为坝高 15 米、长 75 米，开挖引水洞 1500 米，设计灌溉面积 85 万亩，共需资金 178 万元。施工前，因筹资所限，又提出了投资为 150

万元的低坝第三方案，采取缩短引水洞和拓宽旧石、土渠等办法，引水流量由 40 立方米每秒减为 16 立方米每秒，设计灌溉面积由 85 万亩减为 50 万亩。

陕西渭北水利工程局在西安、渭北诸县举办"渭北水利工程设计图片、模型展览会"。

公元 1929 年（民国十八年）

3 月 13 日，陕西省政府主席宋哲元等偕同法国裴工程师前赴钓儿嘴，查看凿洞引泾现场。

公元 1930 年（民国十九年）

3 月 3 日，国民党第三届中央执行委员会第三次全体会议通过"由中央与地方建设机关合资开发黄、洮、泾、渭、汾、（北）洛等河水利，以救西北民食"案。

11 月 16 日，由陕西省政府主席杨虎城主持，召集泾、原、高、临、醴五县民众代表开会，成立"水利协进会"，并派张丙昌为协进会监督。

12 月 7 日，在渠首张家山筛珠洞口隆重举行开工典礼，大会由李仪祉主持，陕西省政府主席杨虎城、陆军第十七师师长孙蔚如、华北慈善联合会会长朱子桥、北平华洋义赈救灾总会工程师安立森（挪威籍）等各界代表数百人参加。

12 月 23 日，杨虎城省长主持陕西省政府第一次政务会议，将渭北水利工程列为重要议案并做出多项决定。

公元 1931 年（民国二十年）

陕西省以建设厅厅长李仪祉及孙绍宗、李百龄等为委员，和华洋义赈会水利专家塔德、安立森联合组成"渭北水利工程委员会"。

3 月 2 日，杨虎城训令陕西省财政厅："迅将钓儿嘴水利工程之专款克日拨清，以利工程进行。并应赶速派员直赴泾阳、三原等县进行督责。"

3 月 9 日，杨虎城与陕西省政府委员李百龄、秘书王菊人等数人，赴钓儿嘴水利工程工地视察。

3 月 11 日，公布《陕西省二十年施政大纲》，其中建设方面第一是交通，第二是水利。

4 月 22 日，杨虎城致电国民政府军政部长何应钦："筱电奉悉。当即电询华洋义赈总会。兹准马电复：'陕赈渠工用黑白药线共三箱，每箱三百卷，每卷二十四英尺（约 7.3 米）。购自香港，由申海运至津，转运至陕。乞赐转部核办'等语。敬祈迅予发给护照为盼。"

6 月 21 日，陕西省政府举行第 41 次政务会议，根据杨虎城省长提议，决议在特税项下为钓儿嘴水利工程改拨 50 万元，以利工程进行。

10 月 16 日，杨虎城主持陕西省政府第 63 次政务会议，会议修正通过《引泾征工规程》及细则，共定五县征工 5000 名，其中泾阳 1660 名、三原 1110 名、高陵 1380 名、临潼 550 名、醴泉 300 名。挖渠、筑堤等土方工程，均以征工任之，征工期间自本年 11 月 1 日起至次年 3 月底止，各县县长秉承省政府命令征集额定工人，由渭北水利委员会派员接收。

公元 1932 年（民国二十一年）

3 月 18 日，陕西省政府举行第 89 次政务会议，根据杨虎城省长提议，购买华洋义赈总会渭北水利引泾工程处的凿石机与黄色炸药，分别交建设厅、机器局保存。

4月6日，经省政府委员兼建设厅厅长李仪祉提议，省政府委员会谈话会议公定，将引泾工程命名为"泾惠渠"。

5月，渭北引泾工程处刊印《渭北引泾水利工程报告》。李仪祉作序，于右任题词"且溉且粪，长我禾黍"，许世英题词"举锸为云，决渠为雨，泾水一石，其泥数斗，且溉且粪，长我禾黍"。杨虎城为报告题名"泾惠渠"。

5月3日，陕西省政府举行第92次政务会议，决定资助渭北水利引泾工程处1万元。

6月19日，泾惠渠放水典礼筹委会在西安易俗社举行文艺晚会，欢迎中外来宾。李仪祉代表杨虎城主持并致欢迎词。

6月20日，在泾惠渠首举行放水典礼，国民党中央党部代表吴稚晖、南京国民政府代表褚民谊，陕西省政府主席杨虎城的代表、总工程师李仪祉，特邀代表朱子桥、艾德敷、贝克、陈福田（檀香山华侨代表），华洋义赈总会塔德，施工人员和陕西各界以及灌区各专县代表等数千人参加大会。李仪祉向大会说明："杨主席因病未来，要说的话业已印出。"印发李仪祉《对渭北人民切切实实说几句话》《泾惠渠管理管见》及《泾惠渠管理章程拟议》等文。

《西安日报》发"泾惠渠放水典礼特刊"杨虎城题词"万世之利"，李仪祉题词"愿同胞爱惜此水，爱惜此渠工"，南汉宸题词"欲谋农业发展先兴水利"。全文刊登了杨虎城在泾惠渠放水典礼大会上的书面讲话。

6月24日，杨虎城主持陕西省政府第104次政务会议，通过《泾惠渠临时管理办法》，决定再接济引泾工程款1.2万元；准将前购渭北棉产试验场的地亩拨归渭北水利工程处，设立泾惠渠苗圃及泾惠渠农棉试验场。

6月25日，杨虎城主持陕西省政府临时政务会议，议决设立陕西省水利局。此后，李仪祉辞去建设厅厅长职务，专任陕西省水利局局长。

6月30日，杨虎城宴请华洋义赈救灾总会工程师安立森，感谢他对泾惠渠建设所做的贡献。

7月27日，内政部为泾惠渠工告成，咨请陕西省政府将办理出力人员叙明事实，以凭褒奖，藉示鼓励。杨虎城令建设厅办理。

内政部文谓：西北久苦亢旱，原于灌溉未兴。陕省政府谋根本救济，辟泾渠工，多年筹划，卒底于成，从此斥卤化为膏沃，关中可无凶岁之虑，实陕省救赈惠民之盛举，亦全国水利建设之楷模。

8月9日，杨虎城主持陕西省政府第109次政务会议，通过了省政府委员、水利局局长李仪祉关于"准本年秋收之后向泾惠渠已经灌溉各地亩按亩征收水捐""准于本年农暇后征用民工开泾惠渠大支渠""请给水利局开办费银800元"等提案。

11月5日，美国华灾协会会长白树仁博士与黄河视察专员王应榆一行到陕，参观泾惠渠工程，视察工赈成绩，并对泾惠渠工程现状报告及第二期拟办工程概要、本年秋季农作物照片、标本等，视察后甚为赞许，嘱将第二期工程计划拟出，以备酌定继续合作完成之参考。

11月11日，杨虎城主持召开陕西省政府委员谈话会，提议再由省政府为渭北水利工程担负修建费19万元。

12月16日，杨虎城主持召开陕西省政府第126次政务会议，修正通过泾惠渠各大支渠征工办法。

12月27日，杨虎城主持召开陕西省政府第127次政务会议，通过渭北水利工程处二十年度支付预算书及《泾惠渠用水权注册暂行章程》。

12月，陕西省水利局公布《泾惠渠临时灌溉章程》《泾惠渠养护及修理章程》。

公元 1933 年（民国二十二年）

2月4日，杨虎城赴泾阳钓儿嘴，视察泾惠渠的养护及管理。

2月8日，杨虎城致电于右任，通报李仪祉病情。

2月10日，杨虎城主持召开陕西省政府第133次政务会议，修正通过《陕西泾惠渠管理暂行组织章程》。

2月14日，杨虎城主持召开陕西省政府委员谈话会。会议商榷在泾阳县永乐店附近筹办模范植棉区。

3月21日，蒋介石致电杨虎城："两报告均悉。据请协助完成泾惠渠工程及引洛计划各节，已转函全国经济委员会核办矣。蒋中正，箇印。"

7月，陕西省水利局公布《征收泾惠渠灌溉田地水捐暂行办法》《泾惠渠水老会组织规程》。

8月8日，泾河暴涨，张家山水文测站洪峰达9200立方米每秒，为泾河有水文记载以来最大流量，水位涨至卧牛石脚。

冬季，开始灌区地亩清丈，次年10月结束，共丈量可灌面积590222亩（营造亩），注册登记，颁发用水权证。

公元 1934 年（民国二十三年）

1月1日，经陕西省政府批准，渭北水利工程处改组为泾惠渠管理局，任命孙绍宗为局长，刘钟瑞为主任工程师，管理局驻泾阳县。

4月11日，全国经济委员会西安办事处水利组举行会议，讨论编制泾洛两渠报告。宝鸡峡工程拟从缓再议。

4月，全国经济委员会常务委员宋子文到陕视察时，应允由中央拨款兴修洛惠渠和部分泾惠渠未完工程。

7月1日，全国经济委员会应西安绥靖公署主任杨虎城和陕西省政府主席邵力子的请求，在大荔设立泾洛工程局，办理泾惠渠未完工程及洛惠渠全部工程。

公元 1935 年（民国二十四年）

1月，国际联盟应国民政府经济委员会的邀请，派荷、英、意、法四国水利专家聂霍夫（G.P.Nijhoff）、柯德（A.T.Goode）、吉士曼（C.C.Geertsema）、奥摩度（Omodeo）来华，于元月8日由全国经济委员会专员蒲得利（M.Bourdrez）协助，张炯、张心源陪同到开封，视察黄河水性及埽垛工程后，从12日起分别视察黄河下游、河口及陕、晋等地，在陕西视察了泾惠渠、洛惠渠，26日赴宝鸡峡视察拟建渭河水库工程。3月底结束后写出《视察黄河报告》。

2月，第一次加高大坝。坝面砌石镶高0.3米，引水流量从16立方米每秒提高到17立方米每秒，每年引水量提高至1.6亿立方米。

3月29日，李仪祉安排清华大学考送出洋学生张光斗到泾惠渠实习。

5月，全国经济委员会派水工科长张光廷验收泾惠渠工程。泾洛工程局局长孙绍宗、主任工程师刘钟瑞等陪同赴工程所在地，结论是：全部工程均遵计划兴修，所用工料款亦与原表册符合。

5月13日，南京国民政府孙科、梁寒操、傅秉常、张丹柏等7人视察泾惠渠首工程及灌区受益情况。

5月19日，华洋义赈会第七届常委会代表康寄遥、胡必详、

郎维杰等 7 人来泾惠渠参观，并了解捐款使用效益。

公元 1936 年（民国二十五年）

年初，李仪祉发起在西安举行水利工程展览会。

11 月，李仪祉邀请塔德到陕西参观，由刘钟瑞等陪同参观泾惠渠等工程。

公元 1937 年（民国二十六年）

5 月，泾阳县城南低洼硝碱区明水急增，积水面积扩大，泾惠渠管理局组织当地群众开挖三条排水沟，共长 11 千米，至民国二十九年工成。

公元 1938 年（民国二十七年）

3 月 8 日上午 11 时 50 分，李仪祉因病与世长辞，享年 57 岁。

3 月 10 日，在省水利局隆重举行李仪祉追悼大会，陕西省暨西安市各界人士参加者 300 余人。

3 月 15 日，李仪祉灵柩安葬于泾惠渠两仪闸畔北塬边，各界人士及灌区民众参加送葬者 5000 余人。

3 月 28 日，国民政府发出对李仪祉的褒扬令，准予公葬，生平事迹宣付国史馆立传。

是年第二次加高大坝。3 月动工，坝顶安装铁架，闸以木板控制，抬高坝上水位 0.5 米，引水流量增至 19 立方米每秒。

公元 1939 年（民国二十八年）

3 月，发布《陕西省泾惠渠管理局工业用水暂行简章》。

11 月，为纪念李仪祉先生，由其亲属、同事及各界人士集资，在泾阳县三渠镇杨梧村创办"陕西省私立仪祉农业学园"，始设农艺科和水利科，首任校长是李仪祉堂妹李薹仪女士，新中国成立后改名"陕西省仪祉农业学校"。

12月，发布《修正陕西省泾惠渠灌溉管理暂行章程》。

刘钟瑞发表《陕西省水利事业述要》。

孙绍宗发表《泾渠之惠及其应有之势力》《梅惠渠施工概述》。

陆士基任"行政院"水利委员会泾洛工程局局长。

公元 1940 年（民国二十九年）

7月1日，泾河暴涨，洪峰达 5800 立方米每秒，坝顶加高铁架冲毁，引水流量又减至 17 立方米每秒。

9月，《李仪祉先生遗著》由孙绍宗、胡步川等收集汇编成书，由陕西省水利局石印 100 部。该书共 13 册，1315 页，收集遗著 342 篇。

12月，发表《泾惠渠改善南干渠宝峰寺渡槽左近渠道工程计划》。

公元 1941 年（民国三十年）

1月，管理局组织渠道占地清丈队，至 7 月底共清丈干支渠道占地面积 7000 余亩，绘制千分之一渠道占地平面图。

4月，三原驻军陶峙岳将军与三原县县长陈琯，联合县内绅商，筹划修三原城内一支渠，清障亮界，拆除侵占渠岸民房 80 余间，砖砌渠道 2000 余米，复修城内蓄水池。

公元 1942 年（民国三十一年）

修泔惠渠。省水利局派技士李成信查勘，提出泔惠渠规划意见。

公元 1943 年（民国三十二年）

省水利局派副工程师汪云峰、助理工程师单魁等对泔惠渠进行定线测量及设计，5 月开工。

公元 1944 年（民国三十三年）

2月4日，泔惠渠完工放水。设泔惠渠管理所，由泾惠渠管理局兼管。

3月，六支中段张桥至新合村一段土渠改线动工，9月完成，改线长度6.4千米。

7月，全国水利委员会应联合国善后救济总署之约，组织赴美水利考察团。考察团成员有张含英、徐世大、蔡邦霖、刘钟瑞、林平一、蔡振、吴又新和张任等8人，均为国内水利界著名专家、水利事业创始人、元老，号称"八仙过海"。在美国考察期间，刘钟瑞曾应邀介绍了泾惠渠等陕西灌溉工程的情况。全部考察时间几乎历时一年半。

公元 1945 年（民国三十四年）

兴修新五支渠。3月动工，7月完成，长度20千米，试水后，填方多处决口，渠道工程逐渐废毁。

公元 1946 年（民国三十五年）

3月，水费改征实物。水费征收标准经连续五次调整，由于通货膨胀猛烈，管理费用无法保证，从本年起按亩改收棉花：一等水地每亩2.5市斤，二等1.5市斤，三等0.5市斤。

5月，张寿荫任泾惠渠管理局局长。

8月，中美农业技术合作团一行12人到陕西考察农田水利。考察团成员有：团长赫济生，美国加利福尼亚大学副校长；副团长沈宗瀚，中国农业实验所副所长；团员罗万森，中国农民银行农业金融设计委员会委员；团员蒋德麒。

12月，治黄顾问团视察陕境黄河及其支流。美籍水利专家雷巴德中将、萨凡奇博士、葛罗冈工程师担任我国最高经济委员会治黄顾问，到陕西分赴禹门口、洛惠渠、泾惠渠、彬县亭口、宝鸡峡、渭惠渠各处勘选蓄水库库址。对陕西省各渠工程及灌溉成绩倍加赞誉，尤对于李仪祉先生极端推崇，留文纪念。

公元 1947 年（民国三十六年）

2 月 25 日，国民政府任命刘钟瑞为陕西省水利局局长。此前的水利局长都是由省政府任命。

6 月，泾惠渠管理局发行《泾惠渠十五年》专刊。国民政府水利部将办公大院里的四条路分别命名为：大禹路、李冰路、李协路、郑白路。其中后两个都与郑国渠相关。

9 月，陕西涝惠渠竣工放水。该渠于民国三十二年 7 月开工，自鄠县涝峪口引涝峪河水 5 立方米每秒，筑干支渠 22 千米，计划灌溉农田 10 万亩。

12 月 12 日，陕西洛惠渠竣工举行放水典礼。该工程于民国二十二年勘测设计，民国二十三年 3 月 25 日洛惠渠龙首坝开工，民国二十六年 6 月主要工程完工，但因开凿铁锥山之 5 号隧洞中出现涌泉流沙，并以抗日战争关系，工程进展甚缓。最后将洞线西移，改用工作井凿洞法进行，于 1946 年 11 月 26 日将洞打通（总长 3377 米）。1947 年 9 月 9 日试水，12 月全部竣工。计划灌溉农田 50 余万亩。

核定登记灌区注册面积。为了合理计征水费，重新核定登记灌区注册面积，计泾阳县 289000 亩、三原县 150257 亩、高陵县 219463 亩、临潼县 29751 亩、醴泉县 4979 亩，共计 693450 亩。

公元 1949 年（民国三十八年）

1 月，泾惠渠大坝加高工程开工，6 月告竣。浆砌料石加高大坝 1.15 米（坝顶高程 447.45 米），引水流量增至 25.0 立方米每秒。

5 月 17 日，泾阳县解放。

5 月 20 日，西安解放。

21 日，中国人民解放军第一野战军副司令员赵寿山视察泾惠

渠管理局，勉励职工"安心工作、正常生产"。

6月2日，中国人民解放军西安市军事管制委员会派农林处张耕野为泾惠渠管理局军事代表，负责接管工作。

6月13日，陕甘宁边区政府迁至西安办公。此后，陕西省水利局更名为陕甘宁边区水利局，刘钟瑞为局长。

8月下旬开始降雨，阴雨40余天，雨量达580毫米，泾阳县永乐、崇文、雪河、县城南郊等低洼地区墙倒屋塌，灾情严重。三原专署紧急动员救灾，开挖三条排水主沟，退水入泾河。

<h2 style="text-align:center">公元 1949 年</h2>

11月8日，水利部挂牌不到十天，即召开了"各解放区水利联席会议"，实际是新中国成立后的第一次全国水利工作会议。陕甘宁边区水利局局长刘钟瑞为大会的筹备委员，并向大会作《陕西省水利报告》，重点介绍了以泾惠渠为代表的陕西水利现状。

<h2 style="text-align:center">公元 1952 年</h2>

2月，第四次大坝加高工程开工，用钢筋混凝土镶高坝面0.3米，引水流量增至26.05立方米每秒。

<h2 style="text-align:center">公元 1966 年</h2>

7月27日，泾河洪峰流量达到7520立方米每秒，泾惠渠大坝被冲毁。

10月下旬至1967年6月13日，在原坝址下游16米处新建1座高14米、长87.5米、底宽23米的混凝土溢流坝，引水流量50立方米每秒。

<h2 style="text-align:center">公元 1971 年</h2>

5月，完成新建进水闸、扩建引水洞与加高石堤工程，节制闸、退水闸由人力启闭改装为倒挂式双作用油压启闭机。

郑国渠
引泾两千年　秦汉留遗篇

公元 1989 年

对渠首进行加坝加闸和除险加固，1992 年完成，加高坝体 11.2 米，加设六孔拦河闸，闸高 8 米，库容达到 510 万立方米。目前坝高 35.7 米，坝长 118.8 米。

公元 2016 年

2 月 22 日，陕西省水利厅召开"郑国渠"申报世界灌溉工程遗产工作安排部署会。

2 月 24 日，新华网、人民网、西安新闻网、陕西日报、陕西电视台、华商报、阳光报等多家媒体组成采访团采访报道陕西郑国渠。

5 月 4 日，陕西省泾惠渠管理局组织开展《古渠春秋》画册拍摄创作活动，助推郑国渠申报世界灌溉工程遗产工作。

5 月 12 日，陕西省水利厅组织召开"郑国渠"申报世界灌溉工程遗产工作联席会议。

5 月 16 日，陕西省泾惠渠管理局与泾阳县政府联合召开郑国渠申遗现场办公会，协商落实"郑国渠"申报世界灌溉工程遗产工作任务。

5 月 19 日，陕西省水利厅在"郑国渠"遗址区、泾惠渠渠首分别召开"郑国渠"申遗现场办公会。

6 月 1 日，陕西省水利厅在省泾惠渠渠首组织开展"扮靓古渠 我为申遗做贡献"主题志愿服务活动。

6 月 7 日至 8 日，受国际灌排委委托由国际灌排委荣誉主席、中国水利水电科学研究院总工高占义率领的专家组对陕西省申报的郑国渠世界灌溉工程遗产进行了现场评估。

7 月 8 日，陕西省水文化专家座谈会在西安永昌宾馆召开。

7 月 28 日至 29 日，"水利的历史与未来"水利史学术研讨会暨中国水利水电科学研究院水利史研究所成立 80 周年"古代灌溉工程现状与保护研讨会"在西安召开。

11 月 8 日，在泰国清迈召开的第二届世界灌溉论坛暨国际灌溉排水委员会第 67 届执行理事会上，郑国渠被批准列入世界灌溉工程遗产名录，成为陕西省首个"世界灌溉工程遗产"。

11 月 9 日，新华网、人民网、中国水利网、黄河网、西安新闻网、陕西日报、陕西电视台、华商报、阳光报等多家媒体集中报道，陕西郑国渠成功入选世界灌溉工程遗产。

12 月 6 日，陕西电视台《今日点击》栏目介绍"郑国渠的前世今生"。

12 月 17 日，陕西省水利厅通报表彰"郑国渠"申遗工作先进单位和先进个人。

公元 2017 年

2 月 9 日，陕西省泾阳县在郑国渠风景区召开项目建设现场工作推进会。

2 月 23 日，泾河张家山水文站站长王晓斌走访泾惠渠沿岸泾阳县王桥镇木梳湾村百岁老人李生云。李生云是民国引泾工程渠首石渠拓宽工程的亲历者。

3 月 22 日，陕西省水文化专家座谈会在西安召开。

5 月 26 日，陕西省泾阳县召开郑国渠旅游风景区建设推进会。

9 月 15 日，陕西郑国渠旅游风景区开始试运营。2017 年国庆长假期间，郑国渠旅游风景区接待游客 8.75 万人次，实现旅游综合收入 2236 万元。

10 月 14 日，陕西省西安水文水资源勘测局勘测科科长王晓斌陪同创作《天下第一渠》的作家白描到郑国渠渠首调研。

12月18日，水利部副部长魏山忠一行来陕西省泾阳县调研河长制及水生态文明建设工作，考察郑国渠世界灌溉工程遗产。省水利厅厅长王拴虎，泾阳县县长拓巍峰、副县长刘洋一同调研。

12月18日，陕西省旅游资源开发管理评价委员会公告，泾阳县郑国渠旅游景区正式获批为国家AAAA级旅游景区。

公元2018年

5月6日，陕西省泾惠渠中心组织实施了郑国渠遗址区标识、引导系统，新建石质简介碑1座、告示碑15座，栽植树木650株，投入达500万元。

5月29—31日，陕西省泾阳县邀请30多位全国著名文化大咖、书法名家莅临郑国渠旅游风景区采风。

7月31日，王晓斌联系到1930—1932年泾惠渠渠首工程的驻地工程师安立森的后人，她提供了安立森的去世时间、家庭情况等。

9月18日，陕西省泾阳县郑国渠遗址博物馆正式开馆。

公元2019年

4月27日，陕西省西安水文水资源勘测局高级工程师王晓斌陪同水利史专家蒋超、作家白描等在原泾惠渠管理局办公地点泾阳县崇实书院遗址调研。

10月，黄河水利出版社出版王晓斌所著的《郑国渠边的水文：张家山水文站设立和发展研究》一书，可供水文工作者及关心泾惠渠建设的工程管理者阅读参考。

10月20日，白描创作的报告文学作品——《天下第一渠》研讨会在北京鲁迅文学院举办。《天下第一渠》荣获陕西省第十五届精神文明建设"五个一工程"优秀作品奖。

10 月 26 日至 11 月 10 日，陕西省泾阳县郑国渠旅游风景区举办第二届红叶节。

12 月 12 日，陕西泾阳郑国渠旅游风景区二期项目建设进展顺利。

公元 2020 年

3 月 1 日，王晓斌重新整理完成了吴南凯 1922 年编写的《查勘陕西泾渠水利报告书》。

11 月 20 日，陕西省泾惠渠灌溉中心举办了首期"书香泾惠"文学创作雅集活动。

12 月 21 日，陕西省泾惠渠灌溉中心启动"弘扬仪祉精神　讲好郑国渠故事"宣讲活动 。

12 月 25 日，陕西省泾惠渠灌溉中心工会被陕西省农林水利气象工会评定为五星级职工文化活动阵地建设单位。

公元 2021 年

2 月 1 日，泾惠渠朱子桥、民生桥以及泾惠渠泾阳段（主要包括渠首枢纽、干渠及支渠等）被泾阳县人民政府公布为首批历史建筑名录。

2 月 21 日，法国汉学家魏丕信教授从法国巴黎寄出自己的论著《清流对浊流：帝制后期陕西省的郑白渠灌溉系统》给王晓斌，希望王晓斌在研究泾惠渠时有所参考。

4 月 24 日，陕西郑国渠旅游风景区创建 5A 景区启动仪式在郑国广场举行。陕西省咸阳市委常委、副市长罗军出席并宣布启动。

12 月 16 日，陕西省泾惠渠灌溉中心完成"郑国渠灌溉工程系统"国家水利遗产认定申报工作 。

公元 2022 年

4 月 6 日，陕西省泾惠渠灌溉中心组织干部职工到陕西水利博物馆，拜谒李仪祉墓园，缅怀先贤的丰功伟绩。

6 月 10 日，陕西泾惠渠建成通水 90 周年暨李仪祉先生诞辰 140 周年座谈会在陕西省三原县举行。

8 月 13 日，陕西农村报"专题报道"：泾惠渠通水 90 年灌溉百万亩农田。

8 月 13 日，中国作协鲁迅文学院副院长、中国当代作家白描一行参观调研"郑国渠"及陕西水利博物馆。

9 月 22 日，水利部专家组喻权刚一行对陕西省申报的"郑国渠国家水利遗产"开展现场核查。

10 月，经过 13 年收集整理，西安水文水资源勘测中心高级工程师王晓斌编辑成《泾惠渠修建考略》，描述了公元 1901—1934 年引泾工程的修建过程。

附录二 古今郑国渠记

白描[1]

郑国渠者，秦中之水功也[2]。肇作于秦王政元年（公元前246年），历十年以就。自仲山西邸瓠口，并北山东注洛[3]。征夫十万，蚁断冈阜，横绝冶清，引注浊水，率以三百余里焉[4]。

斯世诸侯纷争，群雄竞逐，天下扰攘。秦王誓以扫平六合，而御宇内，兴事累年以不怠。邻邦韩国势如累卵，韩王委水工郑国间秦，说凿渠，毋令东伐，是为"疲秦之计"。

郑国所本者[5]，浚流治水也。所肩者[6]，疲邻安邦也。担掫象拖犀之期[7]，履遗大投艰之任[8]。中作而觉[9]，秦王将杀之以惩间，

---

① 白描，作家，教授，曾任鲁迅文学院常务副院长。著有《天下第一渠》，提升了郑国渠的影响力。

② 水功，水利之事。郦道元《水经注·汾水》："（肃宗）拜邓训为谒者，监护水功。"

③《史记·河渠书》："乃使水工郑国间说秦，令凿泾水，自中山西邸瓠口为渠，并北山东注洛三百余里，欲以溉田。"

④ 郑国渠流经路线过冶水、清水、浊水，"绝"即横绝、横跨；"注"即浊水直接注入郑国渠。

⑤ 本：本职、主要职守。

⑥ 肩：担负。

⑦ 掫象拖犀：徒手拉住大象拖动犀牛。成语出自［元］无名氏《大战邳彤》第一折："凭着我掫象拖犀胆气雄，更那堪武艺精，怕什么奸贼巨鹿狠邳彤。"

⑧ 遗大投艰：遗、投：交给。指交给重大艰难的任务。出自《尚书·大诰》："予造天役，遗大投艰于朕身。"

⑨《史记·河渠书》："中作而觉，秦欲杀郑国。"意为中途谋泄。

宗室欲逐客以清源①。郑国可为者，顺天布泽以行大义，竭力水功以济兆庶②。复以秦王大略而从善，卒使就渠③。郑国不羁远怀，夙夜在公④。渠通牛斗，关中雨虹，齐肩银河，星汉千秋，泽润仲峨之麓，膏腴关秦之野。连年丰稔，秦以富强，卒一统天下，成万世之功⑤。

鼎革及汉⑥，白渠圣绪，决渠降雨，五谷垂颖，衣食京师亿万之口。唐之三白，石堰首筑，凿山起堤，济波炎旱⑦。宋之丰利，渠口别开，峻崖陡壁，"静浪""平流"⑧。元之王御史，石渠展修，火焚水淬，水流如旧⑨。明之广惠，六番兴作，黎甿乐耕，鼓腹歌谣⑩。清之龙洞，筛珠引泉，涓涓涛涛，另辟一泾⑪。迨至民国，兵燹旱魃，秦地生民道尽途殚⑫。蒲城李仪祉倡修泾惠，郑白之功

①《史记·李斯列传》："会韩人郑国来间秦，以作注溉渠，已而觉。秦宗室大臣皆言秦王曰：'诸侯人来事者，大抵为其主游间于秦耳，请一切逐客。'"

②《汉书·沟洫志》："郑国曰：'始臣为间，然渠成亦秦之利也。臣为韩延数岁之命，而为秦建万世之功。'"

③《史记·河渠书》："秦以为然，卒使就渠。"

④ 不羁远怀：不约束远大抱负。夙夜在公：一天到晚，勤于公务。出自《诗经·召南·采蘩》。

⑤《史记·河渠书》《汉书·沟洫志》同载："用注填阏之水，溉泽卤之地四万余顷，收皆亩一钟。于是关中为沃野，无凶年，秦以富强，卒并诸侯"。

⑥ 鼎革：建立新的，革除旧的。旧时特指改朝换代。

⑦ 三白渠引水渠首首建洪门石堰，《宋史·河渠志》载："修广皆百步，捍水雄壮。"济波炎旱：缓解消除旱情。唐《通典·田制》载，高宗批复雍州长史长孙祥奏言，曰："疏导渠流，使通灌溉，济波炎旱，应大利益。"

⑧ 宋丰利渠首，深凿于坚硬石壁，设有二闸，曰"静浪""平流"。

⑨《元史·河渠志》载："陕西行台御史王承德言，泾阳洪口展修石渠，为万世之利。""用火焚水淬，日可凿石五百尺"。

⑩ 明代广惠渠，先后用时百余年，历经六次修建方告成。鼓腹：饱食。

⑪ 清代龙洞渠，遏泾水勿令淤渠，拒泾引泉，泉有筛珠洞等。

⑫ 道尽途殚：无路可走，陷于绝境。

既复，遗民往归，一岁再稔①。更以首仗先进科技，开中国现代水利之先河②。以至于今，屡复兴建，渠衍长虹，水利绍续，元元黎民，火天大有③。厥功至伟，渊源郑国。

仲山峻拔云天，泾河遥坠谷底，凡引泾之渠首皆出谷口。甲申年（公元2004年），东瓯文成水工创建"文泾"之伍，兴水电于泾谷。筚路蓝缕，艰辛六载，几陷不扶之危，卒电站以就。先是所见苍山翠谷咸被殊色，即多所察考，寻以兴建郑国渠风景区谋之。遐方绝域，万难不辞，事之经年，奇观美景尽呈不遗，山神水韵因之蔚为大观。父老感其事，咸谓"文泾人"当世愚公④。

仲山何幸？泾水何幸？不啻珠玉镶嵌关中。一步千年，四季变换：春来景明，碧水粼粼，山桃夭夭⑤，仙客绝尘，世外桃源何足为奇耶？夏以酷暑，送爽黑沟，输凉洞天，漂流险道，嬉水天滩，火云炽烈，何烦炎炎？⑥秋日天高，登临骋目，轻岚笼醉，软风散绮，被野葱茏，旋以雾浸霜染而纷呈水红火红、浅黄金黄。亦或赤霞流丹，烈焰锦屏，观者无不迷醉矣⑦。冬临苍苍，极目茫茫，百泉冰噎，一川雪拥，瑶花琪树，珠魂玉魄。徜徉乎此境，宛入琼林玉苑也。

---

① 稔，庄稼成熟。一岁再稔，指一年两熟。

② 陕西省泾惠渠灌溉管理局官网："泾惠渠是我国第一个应用现代科学技术兴建的大型灌溉工程，开创了我国现代水利的先河。"

③《易经》大有卦："火天在上""元亨"。象征火焰高悬天上，大地五谷丰登，大获所有。

④ 2011年5月1日，文泾公司董事长赵良妙被授予咸阳市劳动模范称号。领导讲话和媒体报道中，均赞其为"当代愚公"。

⑤ 泾河大峡谷生长有很多野山桃，春来山梁沟坡桃花开放如霞。

⑥ 黑沟、洞天等景点，皆避暑纳凉所在；景区设有勇士漂流、嬉水娱乐等体验项目。

⑦ 泾河大峡谷多生长黄栌红枫，秋日红叶遍野。

丙申年阳月吉日（2016 年 11 月 8 日），郑国渠入列"世界灌溉工程遗产"。翌年十二月十八日，授国家 AAAA 级景区。

嗟夫！山何巍巍，水何澹澹？事功于民，必也圣乎①。郑国之魂堪称大德，郑国之举堪称大义，郑国之功堪称大业。愚公之精神，郑国之魂魄，"文泾人"之精诚，实乃绳绳相继②，一脉相承也。

肇自然之性，成造化之功。法前贤之所为，效今人之俊力。天下英才俊伟，诚以笃心矢志，进献其行，而国必兴，而邦其昌③！

岁在庚子荷月谷旦

---

①《论语·雍也》："子贡曰：如有博施于民而能济众，何如？可谓仁乎？子曰：何事于仁，必也圣乎！"（子贡说："假若有一个人，他能给老百姓很多好处又能周济大众，怎么样？可以算是仁人了吗？"孔子说："岂止是仁人，简直是圣人了！"）

②绳绳：绵绵不绝。《诗·周南·螽斯》："宜尔子孙，绳绳兮"，朱熹集传："绳绳，不绝貌。"

③《尚书·周书·洪范》："人之有能有为，使羞其行，而邦其昌。"意为对有才能有作为的人，就要让他做出贡献，国家就会繁荣昌盛。羞：进献。此处借《尚书》句衍而发议。

后　记

　　一个人是否有自己的宿命？我的宿命似乎和水利，和郑国渠、泾惠渠是紧密相关的。不信？请听听我的经历。

　　1968年以后，在经历了"文化大革命"的十年动乱以及下乡插队和返城工作等一番折腾以后，我们迎来了1977年恢复高考，当时我已经在北京东城区饮食管理处工作，并且正在东城区五七干校学习锻炼。按照我的兴趣爱好，我这个人无论如何是应该学文史的，但当时粉碎"四人帮"时间不久，对于学习文史的前途总是有所担忧。在这种情况下，我就毅然决然地，也是糊里糊涂地报考了清华大学，并且没有任何目的性地选择了力学专业。由于我初中在北京四中、高中在二中，因此对考试并不怵。

　　1978年3月初，水利系两位老师到我的工作单位面谈录取的初步意向，询问我是否对农田水利专业感兴趣，作为一名30岁的考生，别说农田水利专业，不管什么名头，只要是个专业就得感兴趣啊。两位老师嘱咐我做好准备，因为第一批入校的同学已经上课了。我在得知自己被水利系录取的初步消息后，曾经打电报给哈尔滨的一个老同学："已被清华水利系录取。是否去，速电告。蒋。"结果他们单位疯传：某某某被清华水利系录取了，蒋南翔[1]

---

[1] 蒋南翔，曾任清华大学校长。

来电报问他去不去。

我交接工作以后，半个月没人理我了。到了二十几号，又来了两位老师，其中一位是上次来过的，他们告诉我专业不对口，不打算录取我了。我询问他们是否会影响其他学校录取，他们表示不会。他们走后，我马上赶到北京市招生办，得知招生工作已近尾声，而且我的材料也不在招生办。当时的情况使我根本不敢想象参加下一届高考的结果，绝望之际，我给清华大学刘达校长和教育部部长刘西尧各写了一封信申诉。三天之后，录取通知书来了，我到校报到的时候，发现我的学号是我班的最后一个号。我则因为努力争取的行动而在系里一举成名，许多老师都是先闻其名，后知其人。当一切尘埃落定，我才想起过去十年的经历，难道我真的和水利有缘？

1967年"文化大革命"期间，我是一名年仅19岁的中学生。我曾经多次到清华大学看大字报，也到过水利系的新楼和旧楼，但从来没有想过我有一天会到这里来上学。一个偶然的机会，我结识了水利界的老前辈刘钟瑞先生。刘钟瑞是民国水利泰斗李仪祉先生的得意门生，毕业后追随李仪祉到了陕西，从引泾工程的测量队长开始干起，几乎参与了民国年间陕西所有的重大水利工程建设，他做过国民政府的陕西省水利局局长，做过陕甘宁边区水利局局长，又是新中国首任陕西省水利局局长。从他那里我获得了最初的水利常识，了解了李仪祉先生，知道了郑国渠、都江堰、灵渠以及其他一些历史上著名的水利工程。当时老先生留给我的最深印象是他的敬业精神。在那个非正常的年代，作为一个曾经与周恩来、蒋介石、杨虎城、于右任、李仪祉等诸多历史人物有过交集的人，他在那时所承受的政治高压是我们今天难以想象的。

他受到了不公正的对待，我能感觉到他的苦闷，而他唯一感到自豪的就是他在水利事业上的贡献。他对水利事业的敬业达到了痴迷的程度，尽管他早已被剥夺了参与工作的权利，但他一刻也没有停止过对我国水利事业的思考与研究。他深深牵挂着自己曾经付出极大精力的"关中八惠"灌区和"汉中三惠"灌区，每每言及都激动不已。那里是他事业的起点，是他的恩师李仪祉鞠躬尽瘁做出贡献的土地。尽管他不是陕西本地人，却对关中大地有着极其深刻的情感寄托。对我们这些涉世不深的孩子进行水利科普教育，似乎是他的一种精神寄托和自觉的行动。他的大儿子几乎是在他的半强迫下投身于国家的水利建设并且取得了很好的成就。但是造化弄人，长子的英年早逝彻底压垮了老先生，他在粉碎"四人帮"之前不久去世。我相信他是带着对水利事业的深深眷恋而告别现实世界的。尽管我与刘钟瑞先生相识仅有九年多的时间，真正长谈也不过四五次，但他无疑是对我一生有着重要影响的人之一。即便如此，我自己也从来没有想过有一天会去学习水利工程，成为水利大军的一名成员。我学水利是命中注定，是水利选择了我。

在十年动乱期间，我经历过上山下乡，做过工人、干部。或许是冥冥中有种说不清的缘分，1977年恢复高考，我竟然鬼使神差般地走进了清华大学水利系的课堂，而我也很坦然地接受了这次命运的安排，这一年我30岁，恰恰是传统认为"不学艺"的年纪。然而由于大家都被耽误了十年，因此我和我的同龄人都把自己当作20岁的人来对待。

当我大学毕业准备直接工作时，老师曾经问过我对未来的工作打算。我已经35岁，没有打算考研究生，并且希望工作稳定一些，因此提出希望到情报所或出版社去搞文字工作。这里又是一个鬼使神差的伏笔，因为十多年以后我被派到情报所去当副所长，而我退休以后这十年的工作，则与中国水利水电出版社有着密切的关系。

就在其他准备报考研究生的同学在翻阅招生目录时，我的同学周德全无意中发现了华北水利水电学院北京研究生部有水利史专业招收一名研究生，并且极力建议我去报考。这又是一个很偶然的机会，让我把自己对文史学科的兴趣与水利专业知识结合起来。当听说我准备从事水利史专业研究时，水利系的老教授张任先生主动找我谈了一次，张先生告诉我，从1936年姚汉源以后，清华水利系毕业生还没有第二个人搞水利史，他希望我能够考上，并希望我在这个冷门专业上能够做出成绩。就这样，我又进入了一个新的领域，在导师姚汉源教授和周魁一、郑连第、朱更翎等老师的指导下，我完成了学业，成为了中国水利史专业研究领域的一名成员。

1991年，我第一次来到泾惠渠，拜访曾经无数次憧憬的郑国渠。老前辈叶遇春总工亲自陪同我到现场考察。震撼之余，我也对奋战在第一线的水利人充满了敬意。

几十年来，我曾经担任过多种工作，但对水利史专业研究的兴趣却从来没有消减，对郑国渠的关注也从来没有停止过。退休以后，则投入了更多的精力于研究，真有些乐此不疲的味道。我担任《中国水利史典》的专家委员会副主任，用了10多年时间完成了这部5000万字的文献汇编。我母亲是《四库全书》总编纂纪晓岚的六世女孙，虽不敢与先祖相比，我也算参与了盛世修典的工作了。此外，我还参与了世界灌溉遗产的评估工作和一些水文化的工作。至于本书所涉及的引泾河灌溉的郑国渠、泾惠渠，与我似乎也有某种宿命联系。我和所有的小学生一样，最早知道泾河是来源于"泾渭分明"的成语和《西游记》中魏征梦斩泾河龙王的故事。刘钟瑞让我初步了解了郑国渠和泾惠渠，以后的专业研究工作使我比较多地关注了这项享誉世界的古代水利工程，并进而完成了自己的专著《郑国渠》、译著《老龙王河》等。

我已经超过古稀之年，清华大学一直提倡为祖国健康工作五十年，我做到了，并且希望能够继续做下去。《郑国渠》《老龙王河》以及本书的问世可以代表我对水利前辈的致敬！

蒋　超

2023 年 2 月

图书在版编目（CIP）数据

引泾两千年　秦汉留遗篇：郑国渠 /
蒋超著 . -- 武汉：长江出版社，2024.7
　（世界灌溉工程遗产研究丛书 / 谭徐明总主编 . 中国卷）
　ISBN 978-7-5492-8807-6

　Ⅰ . ①引… Ⅱ . ①蒋… Ⅲ . ①郑国渠 – 水利史 Ⅳ .
① TV632.414

中国国家版本馆 CIP 数据核字 (2023) 第 056049 号

引泾两千年　秦汉留遗篇：郑国渠
YINJINGLIANGQIANNIAN QINHANLIUYIPIAN ： ZHENGGUOQU
蒋超　著

出版策划：赵冕　张琼
责任编辑：江南
装帧设计：汪雪　彭微
出版发行：长江出版社
地　　址：武汉市江岸区解放大道 1863 号
邮　　编：430010
网　　址：https://www.cjpress.cn
电　　话：027-82926557（总编室）
　　　　　027-82926806（市场营销部）
经　　销：各地新华书店
印　　刷：湖北金港彩印有限公司
规　　格：787mm×1092mm
开　　本：16
印　　张：13.5
彩　　页：4
字　　数：154 千字
版　　次：2024 年 7 月第 1 版
印　　次：2024 年 7 月第 1 次
书　　号：ISBN 978-7-5492-8807-6
定　　价：86.00 元